本文58頁参照

小さなことにも驚きを —— Spring

シダレザクラの花はどんなにおいがするのかな。

木の芽の出方もおもしろい！
（他の木の芽もさがしてみよう）
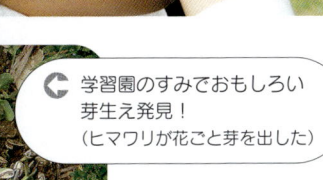

学習園のすみでおもしろい芽生え発見！
（ヒマワリが花ごと芽を出した）

こんなところからも芽が出てきているよ。

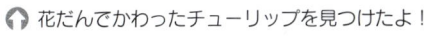
花だんでかわったチューリップを見つけたよ！

Spring 春 ── いのちが見えますか？

本文59頁参照

⬆ ユーモラスな形のヒマラヤスギの芽生え。

⬆ こんなところからどんぐり（アラカシ）の芽が！

↪ スギナのクイズ。どこを抜いたかわかるかな？（スギの茎を引っぱるときれいに抜けて、またさし込むと、どこを抜いたかわからない。）

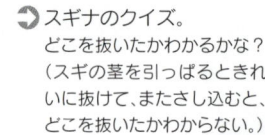

↩ 踊り子が踊っている姿そっくりのヒメオドリコソウ。

↪ クマバチが蜜を吸いにやってきた。そっと近づいて観察してみよう。

⬆ アワフキムシはセミの仲間。おしりからあわを出して、あわの中で草の汁を吸ってくらします。

⬆ 畑では、ネギの花であるねぎ坊主が見られるようになった。

⬆ 春に葉っぱを落とす木もあるんだね。（クスノキは、春先一斉に葉を落とし、新芽を出す。）

本文60頁参照

見すごさないで！この自然

Summer 夏

⤴ ハサミムシのメスは卵にカビが生えないようになめたりして、世話をする。（植木鉢の下で見つけた）

⤴ メス（背中に黄色い模様がある）の腹のまくの中で、卵から幼虫にかえって出てくるダンゴムシの子ども。

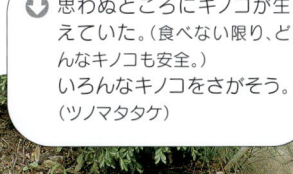
⤵ 思わぬところにキノコが生えていた。（食べない限り、どんなキノコも安全。）いろんなキノコをさがそう。（ツノマタタケ）

⤴ この季節は野鳥たちがひなを育てている。しかし、時には、巣ごと落とされたり、ひなが巣から落ちたりすることもある。えさを与えて精一杯育てようと努力するが大きく育つひなは少ない。（上はツバメのひな）

⤴ カマキリ ふつう5〜6月に幼虫が生まれる。幼虫が出てしまったあと、切って中を見てみるとどこに卵が入っていたかがよくわかる。

⤴ 花が散った後も見守っていると、実の成長がわかる。（ヤマザクラの実）

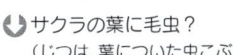
⤵ サクラの葉に毛虫？（じつは、葉についた虫こぶ）

⤴ 割ってみると中からアブラムシ（アリマキ）の仲間が出てきた。

Summer 夏 ― 雨の日も自然を楽しもう

本文61頁参照

⬆⬆ 鉄棒についた水滴を指でさわっていくと気持ちいいよ。

⬇ ひとつぶの小さな水滴の中に校舎や私の顔が映っているよ。

⬇ 宝石をちりばめたようなマツの葉先につく水滴

⬅ 2枚の葉の間にひとつずつつく水滴

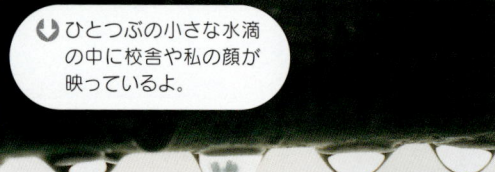

➡ カンナの葉についた水滴ひとつぶひとつぶがレンズになっている。

⬇ 池に広がる波紋の美しさ、しばらく見ていると、つい見とれてしまうほど不思議な世界だ。

⬆ 雨の日のクモの巣は、まるでレースのカーテン

⬆ カタツムリかナメクジのはったあと？
（カタツムリの食痕）

⬅ アジサイの花にもいろんな花があるんだね。

本文63頁参照

"きざし"を楽しむこころ ── Autumn 秋

↶「さば雲を見て秋の気配を感じる」そんな子どもが一人でも増えればすばらしい。

↴ ヒガンバナの葉は、どんな葉っぱでしょうか？どんな実やたねができるのかな？

↑ アブラゼミやクマゼミ（写真）、ツクツクボウシなどのセミはいつ頃まで鳴き続けるのだろう？

↑ 鳴かない虫も、秋に向かって卵を産む準備中。（カマキリもしっかりえさを食べて産卵に備える）

↑ よく見るとおもしろい模様がついているよ。（シロツメグサ）

↑ プールの排水口も使われなくなると植物が生え出した。（アカメガシワ）

↑ 校庭の自然観察園で見つけたこの輪はなんだろう？アリの巣かな？

↑ 他に模様のある葉をさがしていると、「字書き虫」（ハモグリバエの幼虫の食べあと）が見つかった。

↑ 公園のポプラの木にこんなにきのこ（ヤナギマツタケ）が生え出した！いよいよ秋のきのこの季節が近づいた。

Autumn 秋 — 自然の美しさをもっと感じよう!

本文64頁参照

広い空、さわやかな秋の雲を眺めて大きな心になろう!

サクラの葉をそっとめくってみると日光が当らない部分が黄色くなっている。

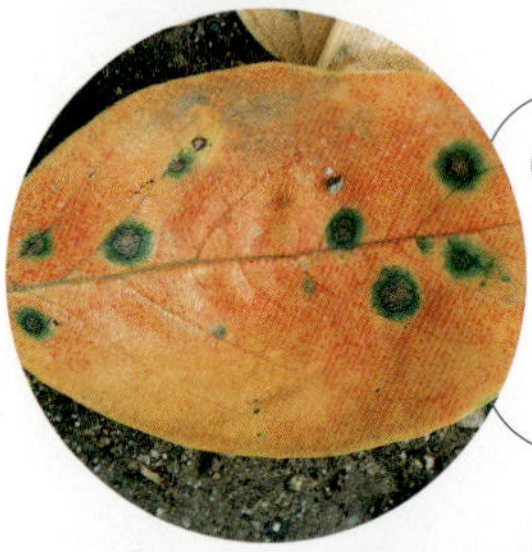

よく見るとカキの葉1枚もとても美しいものだ。日光に透かして見るともっと美しい。

大きな木を下から見上げると、心まで大きくなった感じがするよ。

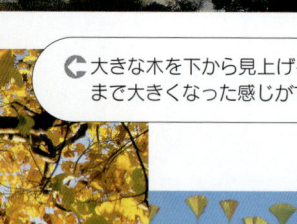

おもしろい紅葉の仕方をした葉を集めてみると…

ナンキンハゼはいろいろな紅葉が楽しめる。

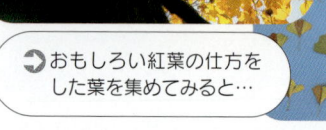

この色にアッと驚くヒイロタケ(緋色茸)

秋は交尾の季節。いろいろな虫の交尾をそっと観察しよう。(ウスバツバメガ)

秋はジョロウグモの巣が目立つ。クモの動きをじっと見るのも楽しい。

秋、木の上でヒュルルーとよく鳴いているアオマツムシ。耳で秋を楽しもう。

本文65頁参照

自然のリズムに心を合わせよう —— Autumn 秋

← 通学路もイチョウの葉で色どられる。

↑ 公園で落ち葉集め

↓ 並べてみるといろんな色の葉があったよ。（サクラの葉）

↑ 自然観察園の通路もモミジの葉のじゅうたん。ゆっくり味わって歩こう。

↑ 様々な色に変化して一枚一枚ゆっくりと散っていくサクラの葉

↑ 葉も実もまっ赤だ。（ニシシギ）

↑ ヒマラヤスギのまつぼっくりは、熟すと一枚一枚皮がはがれて落ちてくる。

〈冬の準備に入った虫たち〉

↑ 切り株の割れ目に卵を産んでいるツユムシの仲間。

↑ こんな遊び方を考えるのも楽しいよ。いろいろな実で新しい遊び方を考えよう。

〈どんぐりを植えよう！〉

↑ 春には力強く芽が出てくるよ。（写真は表面の土はとってあるが、どんぐりは土にうめて乾かないようにする）

↑ 寒くなると咲き出す花もあるんだね。（ビワの花は12月ころ咲いて翌年6月ごろに実が熟す）

Winter 冬 — 寒さに耐えて生きていく姿に感動を！

本文66頁参照

冬にもそれぞれの
生命の
いとなみがある。

⬆ 公園のプラタナス

⬆ 裸になったユリノ木。残っている実が花のようだ。

かれていく草。
➡（右、学校の池のアシ。
⬇ 下、野原のススキ。共に多年草で地上部が枯れる。）

⬆ 葉が落ちるとカラスの巣があった！

⬆ サザンカの花の蜜は甘くておいしいよ！

⬇ ジャノヒゲの実はルリ色でとても美しい！

⬆ カラスの巣ってうまく作ってあるなあ！

⬆ まっ赤なアオキの実はよく目立つね！

⬆ フェンス上に積もった雪。

➡ ツバキの冬芽には大小があるよ？
（大…花芽、小…葉芽）

もの の 見 方 を 育 む
自 然 観 察 入 門

理科教育の原点を
見つめて

菅井 啓之

文溪堂

はじめに

健全な自然観の育成が善なる生き方につながる
・・・・・・「観は行に通ず」・・・・・・

　人それぞれに独自の行動パターンというものがある。それが個性というものであるが、その行動はどこから生まれて来るかといえば、その人の心底にある感じ方や考え方である。情緒と思想が行動を決めるのである。常に何を感じ何を考えるのかが、各種の「観」を形成する。自然に対する自然観、人生に対する人生観、生命に対する生命観などのものの見方や考え方が根底にあって、その判断の元にその時その場に応じた行動がとられることになる。例え無意識であっても誰もがその人なりの「観」を持っている。これは固定的に持っているというよりも、常に形成されつつあるということができる。その「観」は個人の生育歴とともに、歴史的な流れに大きく左右される。

　自然と人間との関係は長い歴史の中で練り上げられ、多様な自然思想として形成されてきた。近代科学の思想も固定したものではなく、科学の進歩とともに変化しつつある。自己自身と自然との関係は、意識しなければ希薄なままに過ぎていくかもしれない。しかし、自然に生まれ、自然の中で生き、自然に帰っていく人間という生命を見つめるならば、自分と自然とはどのような関係にあり、自然に対してどのように接していけばいいのかという問題は個々人にとって本来切実な問題でなければならない。しかし、現実には日々の生活に追われる余り、また、様々な娯楽に興じる時間に充当してしまうために、自分と自然との関係をゆっくり落ち着いて思索することなどしなくなってしまっている。

　自然観察は理科教育の基盤であるとともに、自己と自然の深い関係に目覚め、自覚化していくためのきっかけとしても重要な活動である。自然を見つめることは、その中の生命の一員である自己を見つめることに直結している。これからの理科教育は科学教育のみに留まらず、もっと広く人間教育の一環として自然と人間を見つめる時間でもありたい。そのためには身近な自然や足元の自然からものの見方を学び、自然を思索し、自然を哲学することがもっと盛んに行われるような理科教育を推進したいと思う。自然を健全に観ることは自己の生命を健全に見つめることでもある。その健全なものの見方が健全な行動を生み出し、善なる生き方に結びついてくることになる。「善なる生き方」とは西田幾多郎の言葉を借りるならば「竹は竹、松は松と各自その天賦を充分に発揮するように、人間が人間の天性自然を発揮するのが人間の善である。（略）花が花の本性を現んじたる時最も美なるが如く、人間が人間の本性を現んじた時は美の頂点に達するのである。善は即ち美である。」（「善の研究」）人が内なる自然に従って自然体に生きることが善なる生き方であり、美的生き方である。つまり、自己が自然と一つになることが最高の善なのである。自然との共生を図り、自然との一体感を深めて生きることが善なる生き方である。

　「観は行に通ず」つまり自然に対して健全な行動や生き方をするためには、その背後にある「観」＝「ものの見方や考え方」を深く練っていく必要があるということである。「ものの見方を育む自然観察」ということに焦点を当てて身近な自然の観察を改めてとらえ直し、そこに価値を見出そうとしたのが本書である。「生き方を学ぶことを標榜した自然観察」のありようを模索し、まだまだ不完全ながらも、ひとまず今までのものをまとめてみた。本書において「生き方を学ぶ自然観察」の重要性に一人でも多くの方に気づいていただき、理科教育の中で少しでも生かしていただけたら幸いである。

平成16年6月　　菅井啓之

目　次

グラビア
はじめに …………………………………………………………………… 11

I　理科教育の視点からの自然観察

第1章　理科教育の原点を考える …………………………………………… 14

第2章　自然はこんなに楽しい ……………………………………………… 20

第3章　自然観察の方法とその視点を考える
　　　　指導の技術　●野外観察をどうするか？ ………………………… 40
　　　　　　　　　　●生活科に生きる教師のための自然観察入門 …… 50
　　　　自然の見方　●ここを見ると"自然がおもしろい！" ………… 58
　　　　　　　　　　●クイズで学ぶ自然の見方 ……………………… 68

II　生き方を学ぶ自然観察

第1章　自然観察から生き方が見えてくる
　　　　●人間陶冶の自然教育 …………………………………………… 92
　　　　●私の自然観察論 ………………………………………………… 96
　　　　●観察の真義を問う ……………………………………………… 102
　　　　●「一体観」を考える …………………………………………… 109
　　　　●内なる自然の自覚と行為 ……………………………………… 115
　　　　●「自然」に生きる ……………………………………………… 121
　　　　●自然の妙に「自然(じねん)」を洞察する楽しみ …………… 128
　　　　●生き方を学ぶ自然観察 ………………………………………… 130
　　　　●日本文化に根ざした自然教育の必要性 ……………………… 132
　　　　●自然とのふれ合いで育つ心 …………………………………… 133

第2章　子どものための自然哲学入門 ……………………………………… 144

Ⅰ 理科教育の視点からの自然観察

第❶章　理科教育の原点を考える
第❷章　自然はこんなに楽しい
第❸章　自然観察の方法とその視点を考える
　　　■指導の技術　●野外観察をどうするか？
　　　　　　　　　●生活科に生きる教師のための自然観察入門
　　　■自然の見方　●ここを見ると"自然がおもしろい！"
　　　　　　　　　●クイズで学ぶ自然の見方

Ⅰ. 理科教育の視点からの自然観察

第❶章　理科教育の原点を考える

1．「観ること」は「行うこと」

　きのこを見つけると足で蹴飛ばしてしまう子がいる。ナメクジを見ると塩をかけたくなる子がいる。毛虫がいると棒でつぶす子がいる。「なぜ，そんなことするの？」と聞いてみた。すると，「毒きのこだったら危ないから」「ナメクジは塩をかけるものだから」「毛虫は悪い虫だから」という答えが返ってきた。なるほど，子どもなりに何らかの論理を持って行動しているのだ。ただその論理が偏っているだけなのである。子どもは一面，純真無垢で素直である。だから，親や大人に教えてもらったことは何の疑いもなくそのまま信じ込み，そういうものだと思い込んでしまうのである。きのこは毒だ，危険だ，無暗に触ると危ないと思い込んでいる子にとっては，きのこを見つけると足で蹴飛ばしてしまうのもわからなくはない。「きのこの中には確かに毒きのこもあるけれど，ほとんどのきのこは毒がないし，例え毒きのこでも触っただけで毒がまわるなんていうきのこはないよ。ほら，こんなにきれいな色をしているよ。」と説明してやると，そのきのこを手に持って観察し始めた。「ナメクジもあくびすること知っている？ほらここを見てごらん。ナメクジはこんなふうに息をするんだよ。」するとその子は「すごい！ナメクジがあくびしている！」といって小さなナメクジに見入っていた。「毛虫は気持ち悪くて嫌がられたり，葉っぱを食べてしまうので悪い虫のように思われたりするけれど，毛虫が成長して蛾になってたくさんの花の花粉も運んでいるから植物も種をつけることができるんだよ。また，野鳥のひなの多くはこれらの毛虫をえさにして育っていくんだよ。決して悪い虫なんてことはないよ。」「ほら，こうしてじっくり見るとおもしろい顔していてかわいいね。」そんな説明の後，そっと近づいて子どもの様子をしばらく見ていると「きれいな色している。このしま模様が素敵！」毛虫も自然界で生きている値打ちのある大事な生命であることを感じ取ってくれたようであった。

　以上のような子ども達との何気ないやり取りの中に，「ものの見方が行動を規定している」ということがよくわかることが多いのである。自然を見るその見方が間違っているから，間違った行動に走ってしまうのだ。その行動が悪いというのではなく，根底にあるものの見方に間違いがあったのである。

　「どう見るかが行動を決める」正に「観ること」は「行うこと」なのである。「観は行に通ず」子どもの頃にものの見方を育んでおくことは，大人になってからの行動にまで大きな影響を与えるものである。理科教育の原点を考えるに当たって，自然の見方，世界の見方を育むことの重要性を再認識したいと思う。理科教育の意義も科学に関する物知りを育てるのが目的ではなく，科学的な知見と共に自然に対するものの見方を自己の生き方に反映し得る人間を育てるのが本来の使命であると考える。

2．人間教育としての理科教育

　人間が生きていく上で「読み書き計算」つまり「国語と算数」は最低限必要であることは容易に理解できる。また社会的生活を営む人間にとって「社会科」を学習することは集団的生活を円滑に営む上で欠くことのできないものである。では，「理科」を学ぶ意義はどこにあるのだろうか？この問いからの出発はいかにも面倒なことのように思われるが，なぜ理科を学ぶの

かという根本的な問いこそ理科教育の原点に立ち返ることなのである。常にその存在意義を問い直すことが原点に帰ることである。

改めて理科という教科を学ぶ意義は何かを考えてみると、先ず自然科学が私達の生活を便利にし、快適にしてきたことの意義、つまり、科学技術の進歩に対する期待感が浮かんでくる。科学の進歩のために理科を学ぶのか？少なくとも理科教育がそのまま自然科学者を養成するためではないことはわかる。日常生活が科学を抜きにしては成立しないからその理解のために学ぶのだろうか？自分を取り巻く自然が自己を生かしているから、その自然理解のためであろうか？また自然理解を深めることによって、より一層生活に役立て、利便性を追究していくためなのか？そもそも自然というものを知る意義とは何か？これらのことを深く考えていけば哲学することになってくる。「自然を哲学すること」そもそも自然科学のルーツはソクラテス・プラトン・アリストテレスなどに始まるギリシャの哲人達の自然哲学に始まる。ところが、現代は自然哲学の段階をまったく踏まずしていきなり科学ありきから出発してしまう。そのため理科そのものを学ぶ真の意義を考えることなく短絡的に自然科学の教育に結びつけてしまうことになるのではないだろうか。

理科を学ぶ意義を考えようとすれば、一見回り道のようではあるが、自然哲学してみること、つまり自分自身にとって自然とは何かを考えてみることが必要である。自分を取り巻き、自分を生かしている自然、一生を生きる場が自然であり、自然の中に生まれ、生き、死んでいく自分自身の生命そのものが自然である。

そこで、自然を学ぶ教科としての「理科」はすでに構築され体系化された学問としての自然科学を学ぶことだけなのか？ここが重要である。自然科学教育＝理科でよいのか。もちろん理科の親学問が自然科学であることには違いないが、教育として考える時、理科＝科学だけでは済まされないものがあるように思われる。学習指導要領の理科の目標を見ると「自然に親しみ……自然を愛する心情を育てる……」とともに、総説には「豊かな人間性」「自ら学び、自ら考える力の育成」「個性を生かす教育」などが挙げられている。この点を考えれば、理科は単なる科学教育ではなく、その大前提として、また基盤として人間教育でなければならないことがわかる。「人間教育としての理科」である。指導者としてこの自覚を持つか持たないかは、理科教育推進に当たって大きな違いをもたらすので、非常に重要なことだ。「人間教育としての理科」という原点に立ち返って理科を見直したときに、「自然と人間」との関係を改めて問い直すとともに、自然の中で生きることの意義が見えてくるのである。

「人間教育としての理科」とは、理科という教科を学ぶことによって人間そのものが高まり、広がり、深まるものでなければならない。単に自然科学の知識が増えるというだけでは人間そのものを養い育てることにはつながらない。知識が真に生きる智慧となり、日々の生き方に結びついてくるようになって初めて人間教育となる。つまり、生活と結びついた理科であってこそ人間教育となり得るのである。さらには、理科を学ぶことによって幸せになり、豊かに生きることができるようになることである。自然という世界に目を開くことによって自分自身の世界観が広がり、その世界観の広がりは人生観を深めることに結びつくものである。自然という無限に深い世界を見つめることがそのまま自分という内なる自然を見つめることでもある。外なる自然を見つめることで内なる自然を自覚し、自己自身のあり方を問い直すことで自己を高めていくことができるのである。

さらにはまた、「学ぶ態度、学問すること」「ものの見方や考え方」「自然と自分との関係か

ら生きることの意義を考える」「生命の意義，生きることの方向性をつかむこと」など人間教育としての理科の果たす役割は大きい。自然科学と理科教育の違いは上記のような人間教育に直結したものかどうかということである。

3．環境教育と理科教育

　私達は生きていく限り自然環境に無関心でいるわけにはいかない。むしろ誰もが自分の生活と自然環境との関係性をより深く知り，どうすればよりよい関係を保ちつつ生活できるかを真剣に考えねばならないのである。またそう考えつつ生きる人が増えなければならない。科学が自然環境を壊してきた一方で，また自然環境を回復し保全する道を模索し続けているわけである。私達が今後よりよく生きていく上で，科学技術が自然を壊してきた歴史を学び，またどうすれば科学の力によって自然環境を取り戻せるのかを真剣に考え実践していくことがすべての人々に課せられているのである。理科教育はその基盤を固める上で必修の教科である。科学の目で自然を見つめ，より深く自然を理解する努力を続けつつ私達の生活がどうあるべきかを科学的にとらえ実践していかなければならない。一人ひとりが科学的に全体自然の中で自分の生き方を考えることが環境教育である。環境教育は理科という科学を基盤としながら，最終は自分がどう生きるのかを考え実践していくことが求められる。理科教育が単に科学の方法とその知見を学ぶことに留まらず，科学の知識を生きる力に結びつけていくには環境教育の視点を抜きにしては考えられないのである。自然界の原理原則を知ってそれを利用する科学技術のあり方を，全体自然の中でバランスを持って冷静に見守り生きていくことを学ぶのが，環境教育でありその意義でもある。

　人間教育としての理科教育を考えるということは，常にその人の生き方と深く結びつけて捉えるということであり，理科を学ぶことが自然環境と自分のあり方を考え，それを変革していくことと一つになっていくようでありたい。「学ぶこと」と「生きること」が一つになることが環境教育のねらいでもある。

　環境教育は価値観の転換を図るいわば価値観教育であるとともに，ものの見方の教育でもある。大切なことはホリスティックな見方ができることである。この地球全体が一つの生命体としてホリスティックに機能していることを実感的に捉え，理解して行動できる人を育てようとする教育である。地球上の存在は（宇宙と言ってもよい）どれ一つとして個々ばらばらに存在するものはなく，すべてのものが深くつながり全連関的に存在しているという認識を育て，そのバランスの中で周囲と調和して生きようとする人を育てることが環境教育の目標とするところである。

4．自然観察の重要性

　理科教育における自然観察の位置づけについて考えてみたい。その前に，そもそも「自然観察」とは何を指しているかを明確にしておかないと，理科や自然科学という分野はすべて自然を観察することであり，物理も化学も地学も生物学もどの分野も自然を観察し探究しているには違いないのである。自然観察という言葉は一般的にも理科教育においても，どちらかといえば，野外において生物的自然を観察する活動を指していることが多い。時には岩石や地質，天文などの観察についても自然観察といわれるが，環境教育や総合的な学習，自然教育，野外教育などにおいて大半は植物や昆虫，野鳥や動物，海岸生物などを主とする生物的自然の観察を意味しているようである。ここでも野外における生物的自然の観察を主とする活動を「自然

観察」と位置づけることにする。

　そこで，理科教育における「自然観察」（生活科や総合的な学習においても理科の場合とほぼ同じ）のあり方を改めて考え直してみたい。野外で自然を観察するという活動は子ども達にとって開放感にあふれ，いろいろな生物との出会いを体験できる一番楽しい時間である。写真やVTR，インターネットなどの間接的な情報で学ぶのではなく，直接体験でき実感を伴う理解が得られるところに野外観察のよさがある。昔から実物教育の重要性が何度となく叫ばれてきたのは，実物に学ぶことこそ学び方の原点であるからだ。レオナルド・ダ・ヴィンチは「**ダメな画家は画家に学ぶ，すぐれた画家は自然に学ぶ**」といっている。自然から直接学ぶことの重要性を実にうまく表現している。「Not books but nature」というアガシーの言葉も同じである。今の子ども達は本から学ぶものと思い込んでいるし，また実際にそのほうが遙かに多い。しかし，本当は自然そのものが先生であって，自然から直接どれだけ学び取れるかがその人の実力であり本当の学力でもある。本からではなく，また先生からではなく，自分自身で自然から直接学ぶことのできる子どもが増えてほしいものである。そのためにも自然観察の時間の確保は重要である。子どもと自然が直に出会う場こそが自然観察である。自然との直接の出会いは，指導者側のある限られたねらいを遙かに超えた発見や気づきがあることが多い。指導者の予想以上の学びが得られるのである。自然はあらゆる情報を含み持ち，常に発信しているから，見る側の個性やレディネス，興味関心の置き所に応じて多様な気づきを与えてくれるのである。その幅と深さは計り知れないものがある。ある観察の目標を達成しつつもそこには留まらず，さらに興味深い世界が開かれてくる，そこが自然観察の魅力でもある。

　ものを知り理解するには順序性が大切である。知的に知る前に何よりも先ず実物に直接出会い，自分の目で見，肌で感じ取ることである。そうすれば感動を伴い，実感を伴った本当のわかり方を体験することができる。この学びの体験の積み重ねこそが真にものごとや自然を知り，理解していく上での重要な土台となるのである。自分で発見し気づくことは，人に教えてもらうより何倍もの価値がある。そして，その気づきに対して指導者がしっかりと見極めを行い，価値づけや意味づけ，方向づけなどの支援を行うことによって問題解決への糸口が見つかることが多いのである。

5．「問うこと」自体を学ぶ必要性

　理科学習の最も根底となるものは，自然界の様々な事物現象に出会って，驚きと不思議さを感じ，さらに深く知りたいと好奇心や興味関心が湧き，探究活動が始まるという一連の活動の原動力となる「問い」である。問うこと自体に価値があるのである。驚きや不思議は疑問や問いとなり，さらに課題となって問題解決活動を促すことにつながっていく。学問は問うことから始まるのである。「大疑の中に大悟あり」といわれるように，しっかりとした問い，深い問いの奥には，大きな発見の喜びと感動があり，確かな学びを得ることができるのである。ところが最近の子ども達の傾向としては，残念ながら与えられた課題の探究や結果の理解，記憶は得意であるが，その元となる問いを自ら発することが苦手なようである。自分自身の問いを持たないのである。学問は問うことから始まり，また問い続けることが学問することそのものである。学問する姿勢を学ぶことが学習の根幹である。それには「問うこと自体を学ぶ」必要がある。「なぜ？どうして？ふしぎ！すごい！驚いた！」といった素朴な感動が求められるのである。素直で素朴な心のいとなみ，繊細な情緒，

情趣が働くことによって，自然に問いは発せられてくるものである。感性や情緒に磨きをかけなければ問いは生まれない。

　子ども達が問うこと，また問い続けることをしなくなっている原因の一つに，時間に追われていること，早急に答えが求められることがあるように思う。一つの問いを持ち続けているよりも，早く回答を得て次の課題に挑戦して行くことが求められているからである。自然界は昔も今も不思議や問いに満ち溢れている。少しじっくりと見つめればすぐに問いは生まれるものである。そのように自ら問いを発する経験が少ないのである。自然観察活動は問うことを学ぶ絶好の学習の場である。自然観察の基盤は自然を問うことにある。たくさんの問いを持ち続けていくうちに，いつかふとしたことから「これか」とわかる時がある。

　自然観察で生まれた問いは性急に解決する必要はない。ゆっくりじっくりと構えて問いを持って自然界を見続けることに深い意義があるのである。

6．ものの見方や考え方を育む

　理科を通して自然の見方を学ぶことは，自然の知識を覚えるよりも遥かに応用が利いて実際に生きるものとなる。ものの見方や考え方は実生活のあらゆる場面において活用することができるとともに，正しい判断を下す上においても重要なことである。自然観察は身の回りに見られる昆虫や野鳥，植物の名前や特徴を覚えるための活動ではない。むしろ自然をどのように見ればよいのか，どう考えるのかといったことについて具体的に学ぶことができる場である。具体的にどのようなものの見方を育むのか，何をどう考えることが大切かということについては，次の章において具体例を示しながら解説しているのでその項を参考に自然の見方のヒントを得てほしい。同じ場所の自然を見ていても，見方一つでまったく違って見えてくるものである。見方を定めなければ自然は見えてこない。見方とは読み方といってもよい。自然はただぼんやり見ていても何も得られない。自然を読むのである。読むということは解釈することでもある。眼前の事物現象をとらえ，その意味や意義，価値について考え，自分なりの位置づけを行うことによって真に物が見えてくるのである。つまり，ものを見るということはその裏に思考が働いているということである。考えながら見る。見ながら考える。見ることと考えることが常に一つになっている状態が読むということであり，「自然を観る」ということである。ものの見方を育むということは，受け止め方や考え方，とらえ方を深めるということである。読みが深まった分だけより多くの情報が得られ，解釈や判断が深まるのである。一人ひとりの子ども達が自分自身の力で自然をどのように見ていくかという力は，その子自身の内に形成されつつあるその子の自然観に大きく影響する。自然観とは自分を取り巻く世界の見方である。その人が持つ世界観はその人の生き方をおのずと規定していく。簡潔に言えば，自然観は世界観であり，世界観は人生観を決めるものであるから，自然をどう見るかということが，その人がこの人生をどう生きるかということにまで大きな影響があるということである。理科は自然の見方を学ぶ教科であるから，その子自身の生き方を左右するほどの大きな影響力のある教科であることを再認識しておく必要があろう。

　ものの見方や考え方を学ぶことに重点を置くか，自然物の名称や特徴を知ることに重点を置くかによって，同じように自然観察をしても内容はまったく違ったものになるのである。私は自然観察という活動の最終的な目的は自然の見方やものの見方・考え方を学ぶことであり，そのことによって子ども一人ひとりが豊かで質の

高い充実した人生を生き抜いていくことにつながる重要な活動であると考えている。

7．観察力を磨く

　自然を観察するということは理科学習の根幹であり，科学の基礎であり，すべてはここから出発するのである。自然の観察は一見誰にでもたやすくできることであるように思われるが，その奥深さは計り知れないものがある。今日の科学の進歩はすべて自然の観察の賜物である。実験や観測においてもその根底には観察がある。人工的・意図的な条件設定の元に行う観察を実験と称し，観察結果を数値化することによって後の考察をしやすくしているものが観測である。観察を数量化するという手法であるが，それも観察することに違いはない。「よく見て，よく考え，わかりやすくまとめる」というのが理科の主な学習過程であるが，その出発点となる「よく見ること」「観察する」という活動が軽薄になる傾向があるように思われる。結果を急ぐあまり観察がおろそかになり，結論が知識として先に入っているがために，ものを見ないで結果を決めつけてしまうといったことが見受けられる。観察に基づいた考察や結論になっていないのである。時間をかけてスケッチをする替わりに一瞬にして記録できるデジカメがもてはやされ，実物よりも映像による学習が先行し，目の前に現物があるにもかかわらず実物投影機を使ってテレビ画面を通して観察させるなど，デジタル機器の利便性とともに実物による素朴な観察が現場からますます消えつつあるのが現状である。理科学習の基礎基本であり，根幹である「自然を観察するという活動」が軽視されつつあることを端的に表している現象であると思う。素朴な観察よりもデジタル機器を使うことが優先され，その表現方法の美しさや簡潔さスマートさに心奪われ，本来の自然に学ぶ意義を忘れつつあるのではないかと危惧される。デジタル機器を使えば最先端の学習がなされていると錯覚し，内実は子どもの観察力がますます低下しつつあるのである。先ずもって実物を自分の目でしっかり観察し，そこから情報をとらえようとする姿勢が希薄になり，情報は与えられるもので，そこからスタートするというような構えしか見えてこないのである。理科教育の根幹に先ず観察力があることを今こそ再認識したいものである。

　観察力は理科に限らずすべての教科における基礎的な力であり，どの分野においても応用の利く重要な力である。特に自然観察は観察力を磨くのに最も適した場である。観察するという行為はあるがままをとらえることであり，ありのままに見て取ることである。素直にそのままを受け止めればよいのであるが，それが案外難しい。誰しも無意識の内に偏見や思い込みがあって，見ているつもりが見えていないことがよくある。「**心ここにあらざれば，見れども見えず，聞けども聞こえず，食らえどもその味を知らず**」といわれるように，観察するということは目を働かすだけではなく，すべての五官を研ぎ澄ますとともに，なんと言っても心を働かせなければならない。私達は五官を通しつつも最終は心で観ているのである。心が閉じていれば例え網膜に映像が映っていても認知することはできない。心がキャッチしてこそ認識に入るのである。つまり観察力を磨くということは心を磨くことであり，ものの見方や考え方とも切り離すことのできない一連の総合的な力であるといえる。ものの見方が定まってくれば観察力は確実に高まり，それに伴って思考力も深まるのである。自然観察を通して観察するということを個々の自然物から実感的に学び身につけていくことは，理科の学習に留まらない学問する姿勢そのものを育てることになると確信している。

I. 理科教育の視点からの自然観察

第❷章　自然はこんなに楽しい

　野山に出かけないと自然を観察することができないというものではなく，道端でも公園でも，見ようとすればいたるところで自然観察はできる。ただ，漫然と眺めるのではなく，視点を定めて見ようとしなければ何も見えてこない。そこで，どのような視点の定め方をすれば自然が見えてくるのか，その視点を整理し構造化して示したのが以下の図である。
　特に「ものの見方を育むための自然観察」の仕方ということであれば，その視点は明確である。

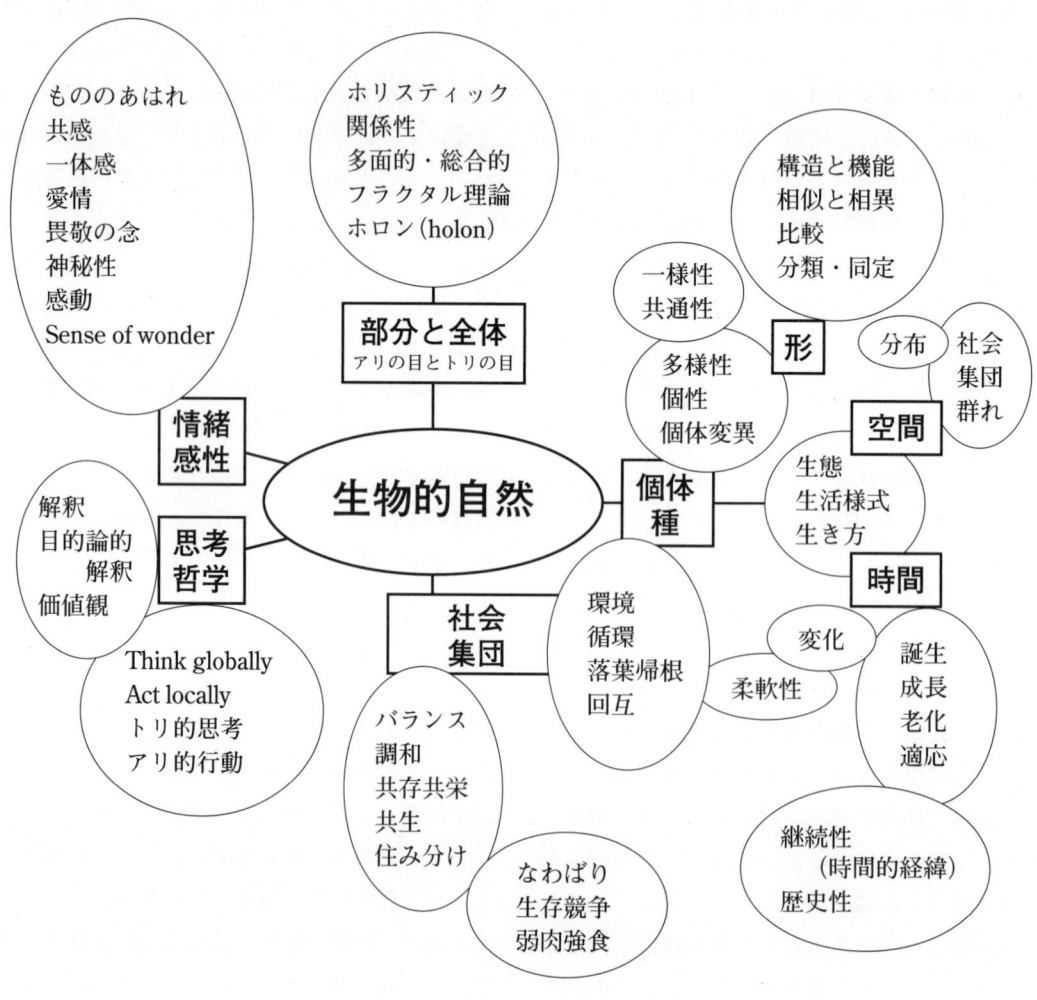

よく見れば芽吹く順序がよくわかる

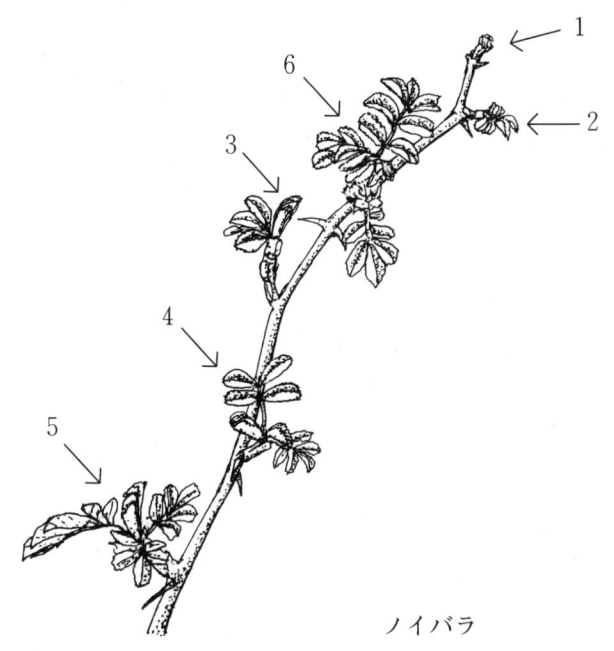

ノイバラ

　自然は時々刻々変化している。固定して留まっているものはないといえる。朝見た時と昼に見るときでは、もうすでに何かが変化している。特に生物は時々刻々に成長・変化・老化をしている。自然の本当の姿を見るにはそれらの変化をまるごと捉えることが必要である。ある日のある時刻に観察される生物の姿は、あくまでもその生物の一日の生活の一断面、一側面であるに過ぎない。多面的にものを見るためにはそこに時間軸を入れ込む必要がある。

　ところが、植物を見る場合、その時間軸に伴う変化を一瞬にして追うことができるのである。上図に示しているような一つの小枝を上から下へと眺めていくと、堅い冬芽が展開していく様子が一目でわかる。枝のいろいろな部分には芽が開いていく様々な段階のものが見られる。これらをつなげていくと、どんな順序で冬芽が伸びていくのかが連続写真のようにわかる。

　冬芽の中に葉がどのように折りたたまれて入っているのかに注目して様々な植物の芽生えを観察するとおもしろい発見がある。また、花の咲く順序や樹皮の形状の変化なども同様の視点で時間的な変化を一気に見ることができる。

生きているから伸びる！

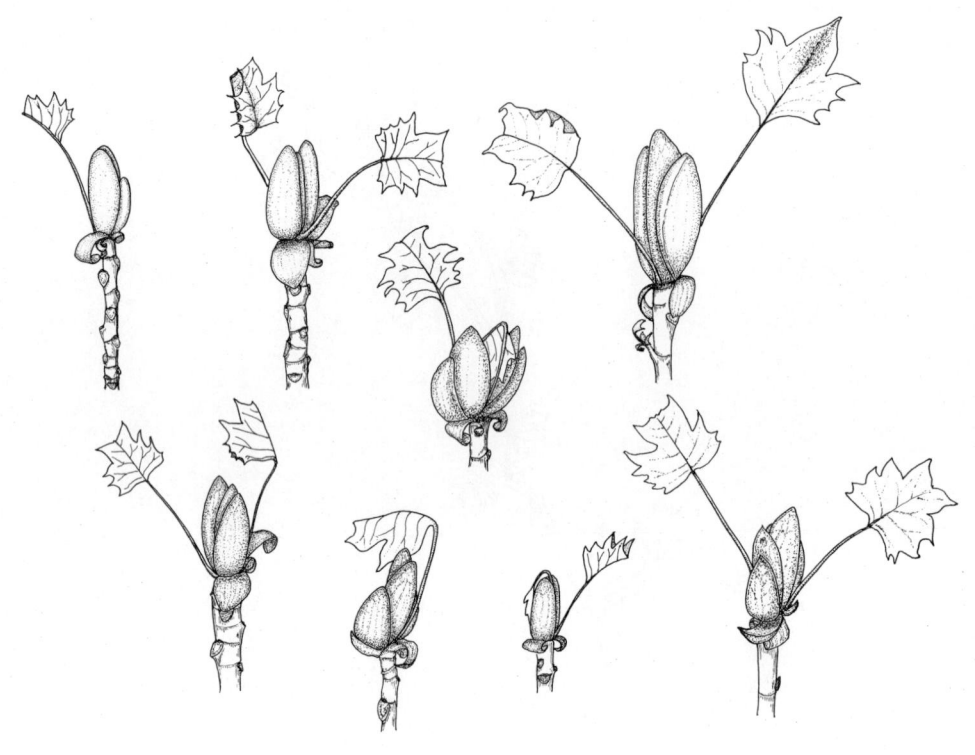

ユリノキ

　生きているということは，変化するということである。その変化の仕方には個々独自なものがある。春は草木や虫などが休眠からさめて一気に成長を始める時季なので，多種多様な生物の成長変化の違いを観察するには最適である。
　図はユリノキの新芽が展開していく様々な表情を捉えたものである。ユリノキの冬芽は大きな「托葉」と呼ばれる葉の付属物で覆われており，その中には真ん中で二つに折りたたまれた葉が入っている。冬芽一つの中にはどんなものが入っているのだろう？葉だけの「葉芽」もあれば，花だけの「花芽」もある。葉も花も入っている場合を「混芽」と呼ぶ。さらに注意深く観察したいことは，「一つの葉芽の中から何枚の葉が成長してくるのだろう？」「一つの花芽からは何個の花が咲くのだろう？」ということである。このような視点を持って公園や校庭の樹木を観察すれば，図鑑には記載されていないことを自分の目で確かめることができる。これが自然から学ぶということである。自然が先生である。自然は見る目さえ持って見ればいくらでも語ってくれるものだ。

隅々まで行き渡るいのちの道

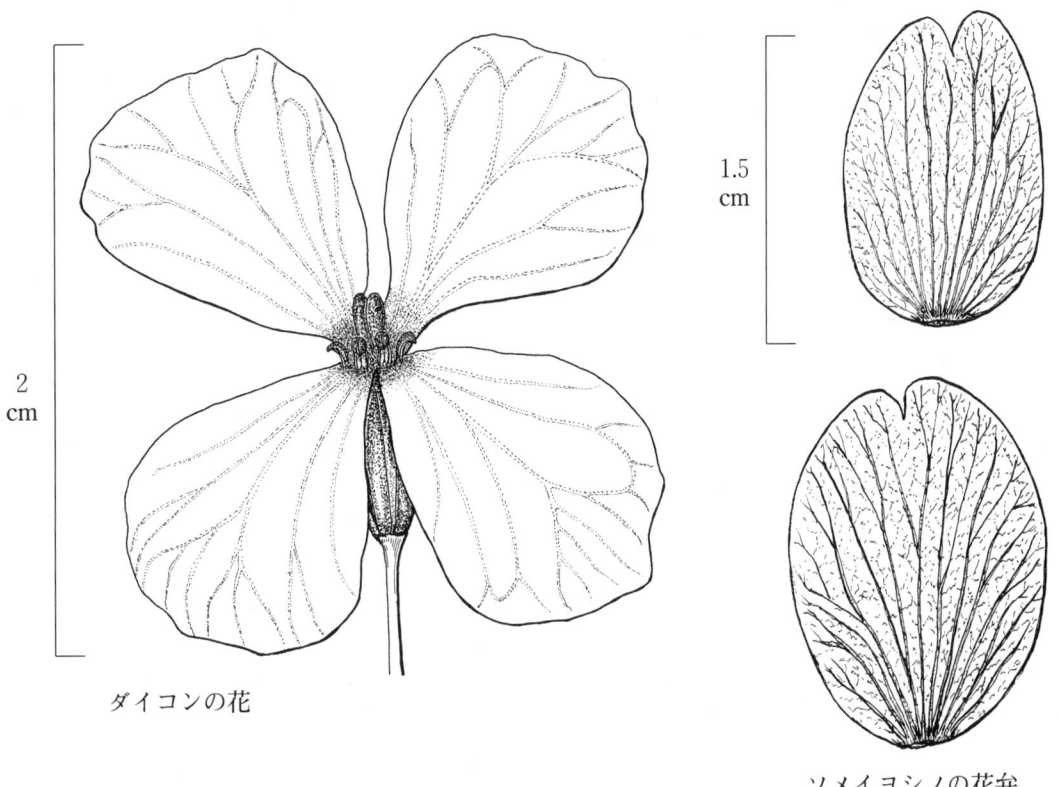

ダイコンの花

ソメイヨシノの花弁

　葉には葉脈が通っている。これははっきりして見やすいため，誰もが気づき，種類による違いや同じ種類の植物でも一枚一枚の葉脈に違いがあることにも目が向きやすい。しかし，花びら一枚一枚にも葉脈と同じように脈が走っていることは見落としがちである。花びら一枚を手にとって日に透かして見ると，薄っぺらな花びらにもかかわらず，しっかりとした脈が走っているのがわかる。この脈は維管束で，花びらがしおれないでぴんとしているのは，この維管束を通して水が供給されているからである。花びらの脈の走り方も一枚一枚すべて異なっている。例えばサクラの花一つには5枚の花びらがあるが，その5枚とも形も脈の走り方も微妙に違っている。ある1本の大きなサクラの樹を思い浮かべてみると，花の時季には樹全体で果たして何枚の花びらがついているだろう？　その一枚一枚の脈の様子がすべて違っているというのはすごいものである。

　花びらはもともと葉が変化したものであるから，脈の変化が葉脈と同じであることは容易に推測できる。

小さな花にもみごとな規則性

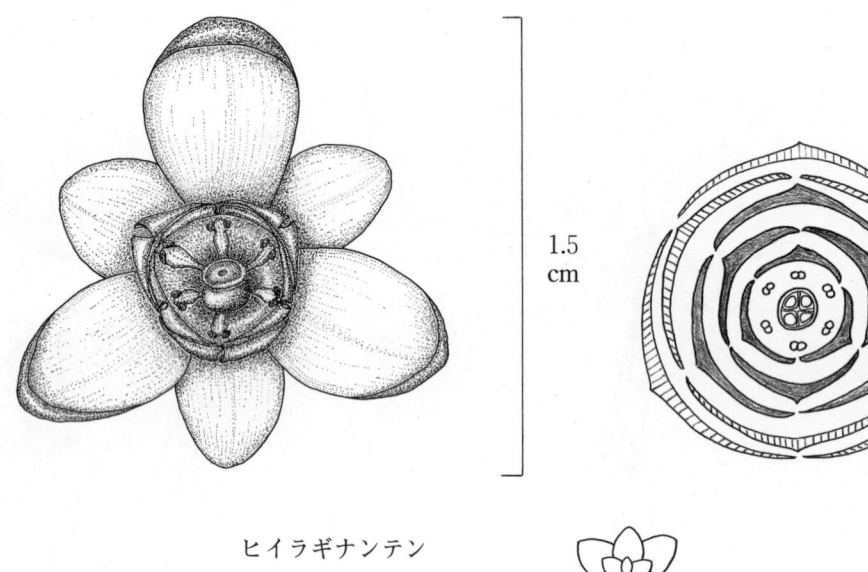

ヒイラギナンテン

1.5 cm

花式図

花の裏側

　ヒイラギナンテンの花一つ一つはとても小さく人の目を引くものではない。しかし，その小さな花をじっくりと眺めてみると実に美しい。その美しさの裏には生命の規則性がある。花の各部分の配列をはっきりとらえるために，花式図といわれる表現方法がある。(右の図) この図を見れば花の各部分が如何に整然と美しく配列させているかが一目でわかる。

　このように生命はどんなに小さな部分にもみごとな規則性を持っている。それを見落とすことなく見抜いていくことが自然観察の真髄である。花に限らず，樹形の美しさ，鳥の羽の美しさ，蝶の羽の模様，紅葉の色合い，草木の葉の形，私達の身の回りにあるあらゆる自然物には美が隠されている。

　「よく見ればなずな花咲く垣根かな」という芭蕉の句のように心を研ぎ澄ませて見れば，足元にナズナのいのちが息づいていることに気づくことができるのである。ナズナに気づく目を持てば，ありとあらゆる生命のいとなみが見えてくるのである。

ちょっと変わった発芽の仕方

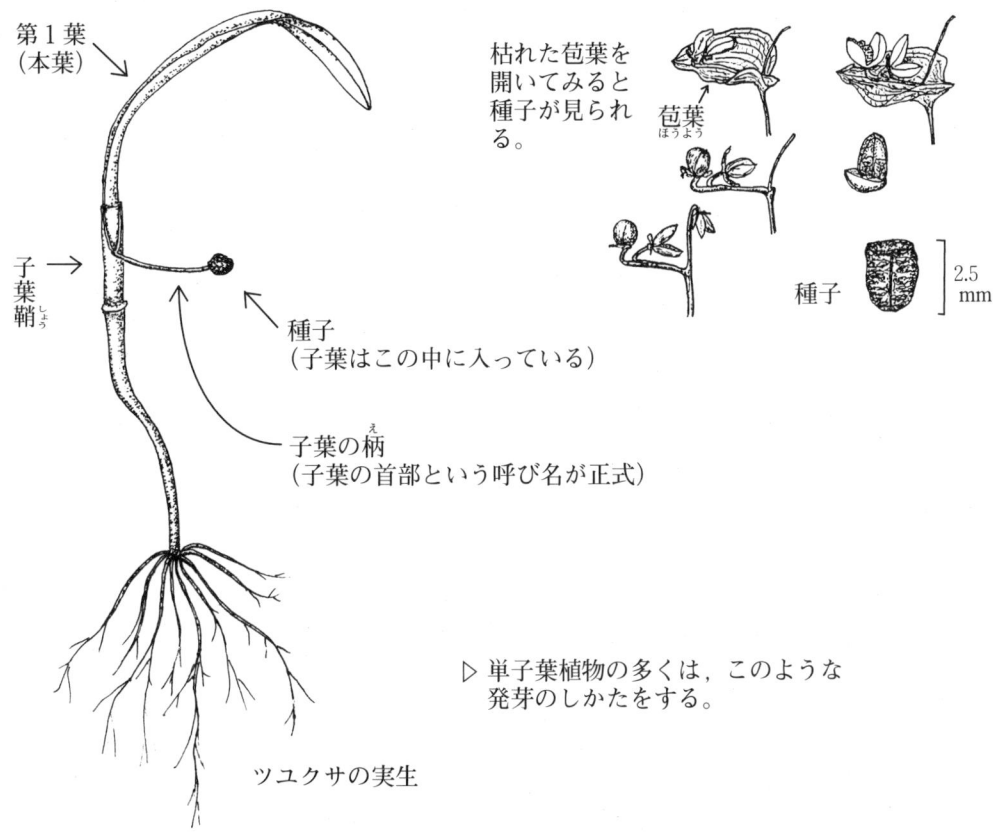

▷ 単子葉植物の多くは、このような発芽のしかたをする。

　普通の種子の発芽では、たねから双葉（子葉）が伸びて出てくるが、ツユクサでは、子葉はたねの中に入ったままでそこから子葉の首部が伸び、その先端から根と本葉が成長し始める。トウジュロもツユクサと同じような発芽の仕方をする。なぜこんなことをするのだろう？こういう性質を持った植物だと言ってしまえばそれだけのことではあるが、そこには必ずその植物にとっての必然性が隠されているものである。今のところ私達がそれを知らないだけである。もしかすると、もうすでに科学的にある解釈がなされているのかもしれないが、少なくとも自然界にはまったく何の意味もない現象はないであろう。それを想像し推測してみることも自然観察の重要な活動の一つである。観察とは観（心でみること）と察（洞察すること）とが同時になされることである。

　ツユクサの花は誰もがよく知っている。なのにたねを見たことのある人は意外に少ない。よく知っているつもりでも見ていない姿があるものである。一度枯れきって茶色になったツユクサの花の部分を手でそっと触ってみると、たねがこぼれ落ちてくる。そのたねを蒔いてみると発芽の様子もよくわかってくる。

イチョウにも花が咲く

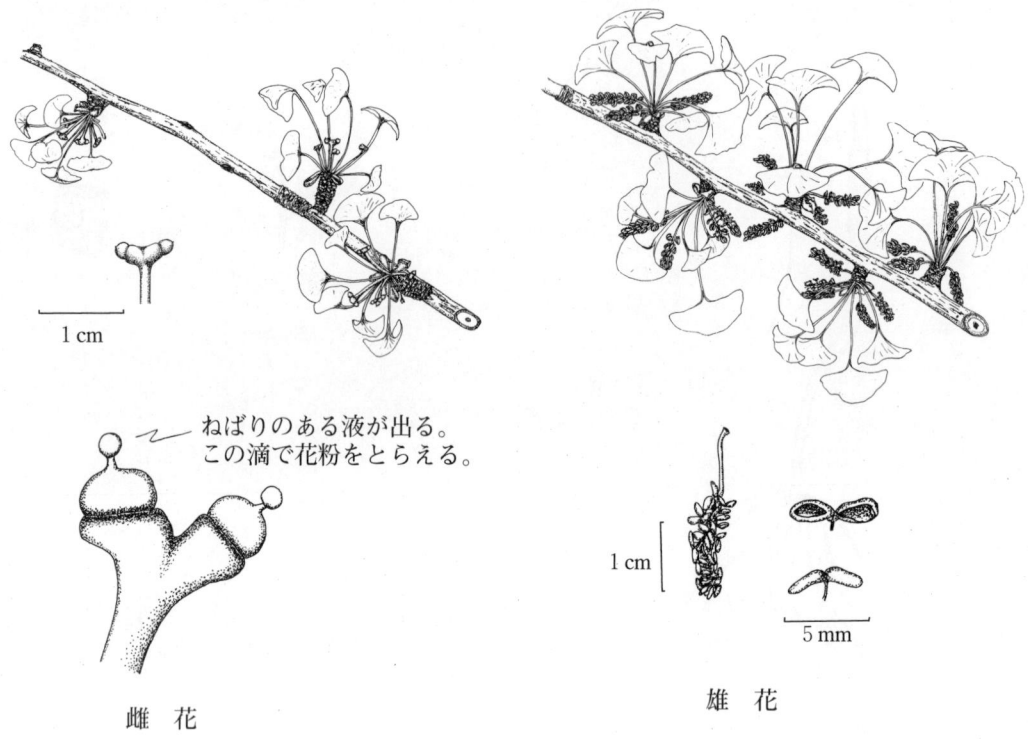

ねばりのある液が出る。
この滴で花粉をとらえる。

雌花

雄花

「え！イチョウに花が咲くの？そんなの見たことがない。」おそらく多くの人はそう答えるでしょう。サクラの花と違って誰が見ても目に飛び込んでくるような派手な美しい花ではないので、よほど気をつけていないと見過ごしてしまう。地味で目立たない花らしくない花、それがイチョウの花。ボタンやバラのように美しい花びらをつける必要がないのである。そのわけは、風で花粉を運んでもらう風媒花なので、虫を呼ぶための派手な花びらがいらないのだ。

しかしある時季，雄株の下に雄花が敷き詰めるほど落ちる時がある。この時ばかりは，これは一体なんだろう？と不思議に思うときがある。おや？なに？このチャンスこそ自然観察が深まるときであり，何か未知なるものとの出会いのときである。そのチャンスを生かすか，見過ごすかがその人の観察力であるともいえる。

目立たない花 でも着実に成長していく

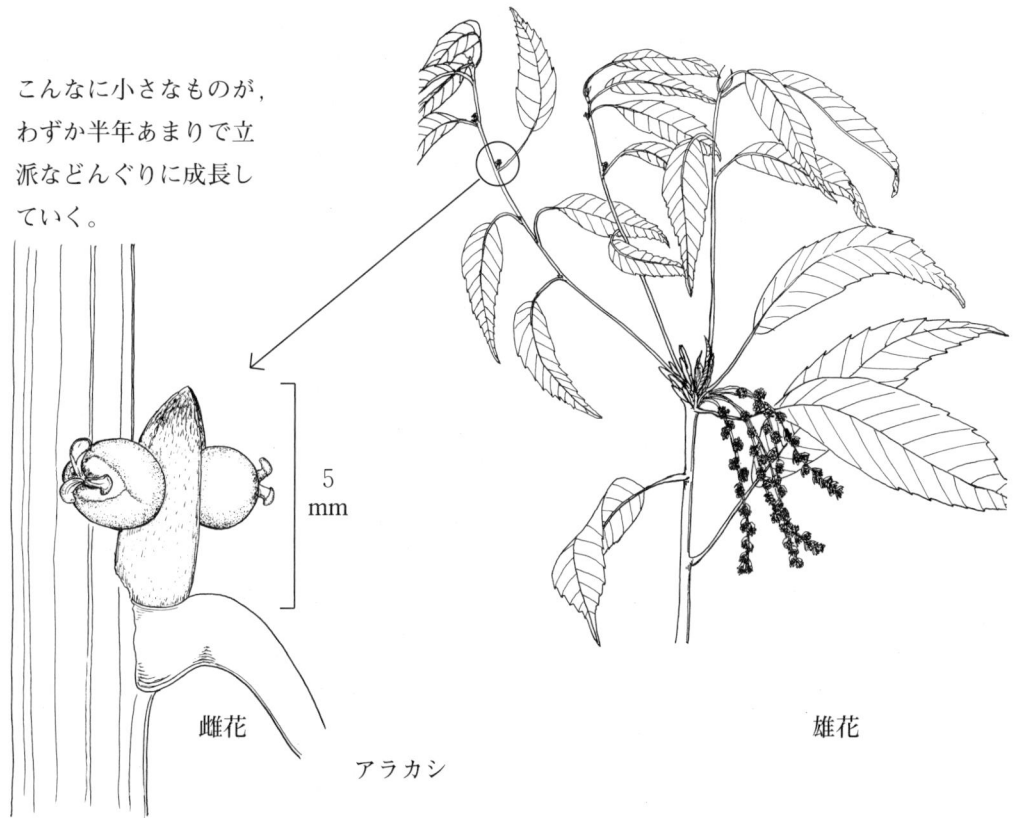

こんなに小さなものが，わずか半年あまりで立派などんぐりに成長していく。

5 mm

雌花

アラカシ

雄花

　どんぐりは誰もが馴染み深い木の実である。また一方，花が咲かないと実がならないということも頭ではわかっている。なのに，どんぐりの木に花が咲くということに驚きを感じる。このように知識と実感は遠く離れてしまっていることが多いものである。本当は実感を伴った知識こそが真に値打ちのある知識である。秋になってどんぐりが落ち始めてやっとどんぐりの存在に気づくということが多いが，本当は４月の中頃に花が咲き，アラカシの場合半年かかってどんぐりに成長しているのである。是非，一度は花が咲いてからどんぐりができるまでの半年を継続観察してみたいものである。目立たない生命のいとなみに目を向けてみることによって，それに付随した多くのことをきっと学ぶことができるはずである。

葉形の変化に注目！

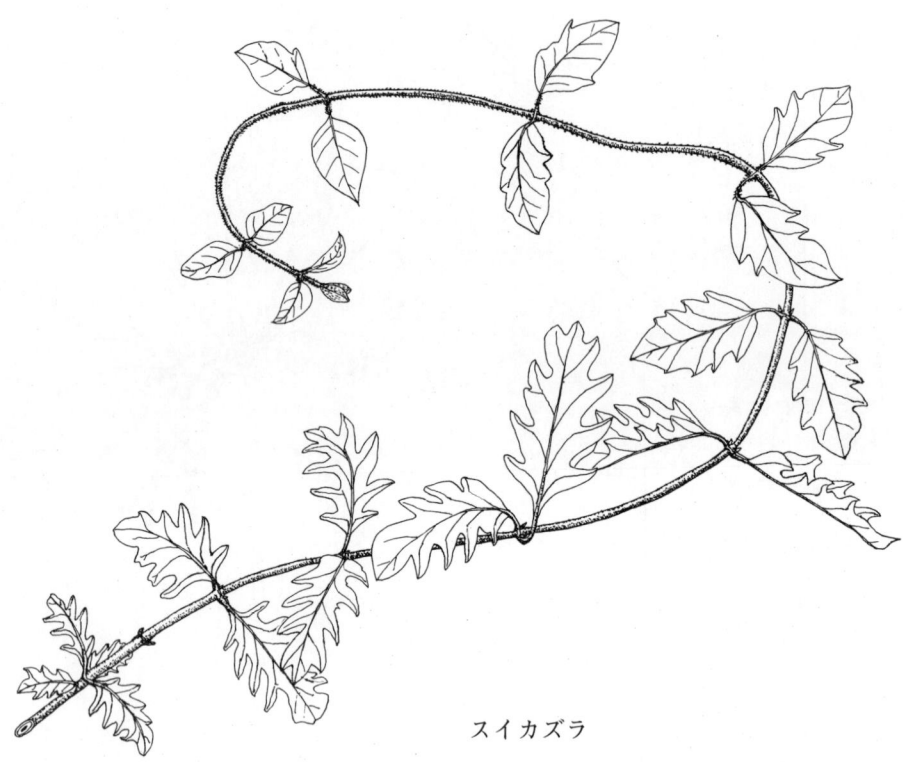

スイカズラ

　図にあるスイカズラの葉は，茎の根元では切れ込みが多く，茎の先になると丸みのある葉に変化していく。これは1枚の葉が変化していくのではなく，枝や茎の性質，位置によるものである。若い枝や徒長した枝には切れ込みの深い葉が多い。ヤブデマリ，クワ，イチョウ，コウゾなどには同様の変化がよく見られる。この現象にどのような意味があるのだろう。

　ヒイラギの葉も若い木ではとげとげであるが，老木になると葉にとげがなくなり丸くなって一見ヒイラギに見えなくなる。人間もこれと同様に例えられる。若い頃はとげとげしさがあっても，老齢期になると円熟してきて丸みをおびてくる。植物も人間も同じ生物なのだとつくづく感じさせられる。

おしべが花びらに変身！

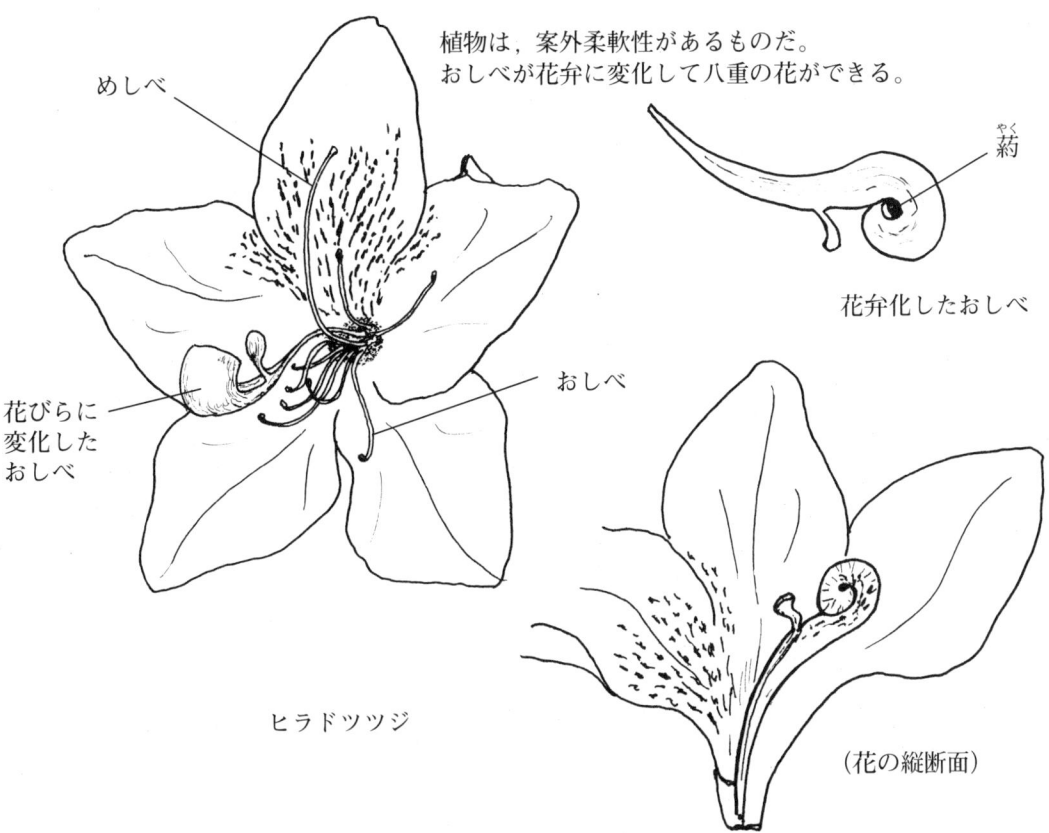

植物は，案外柔軟性があるものだ。
おしべが花弁に変化して八重の花ができる。

めしべ
花びらに変化したおしべ
おしべ
ヒラドツツジ

葯
花弁化したおしべ

（花の縦断面）

　ヒラドツツジの花をよく見ると，おしべの一部が花びらに変化しているものが見られる。この現象から八重の花はおしべが全部花びらに変化したものであることがわかる。つまり，八重咲きの花にはおしべがないため結実しないのである。この現象を，太田道灌は「七重八重花は咲けどもやまぶきの実の一つだになきぞ悲しき」と歌っている。

　花（花びら，おしべ，めしべ，がく）は葉が変化したものであることをゲーテが「花葉」という概念で捉えている。自然を丹念に深く見抜いたゲーテは直観的にも客観的にも自然の本質を的確に捉えていたのである。その観察力の鋭さに学びたいものである。

　赤い花はおしべめしべまでも赤く，白い花はおしべめしべも白い。花びらとの共通性がよくわかる。

どの葉にも
みんな日が当たるように

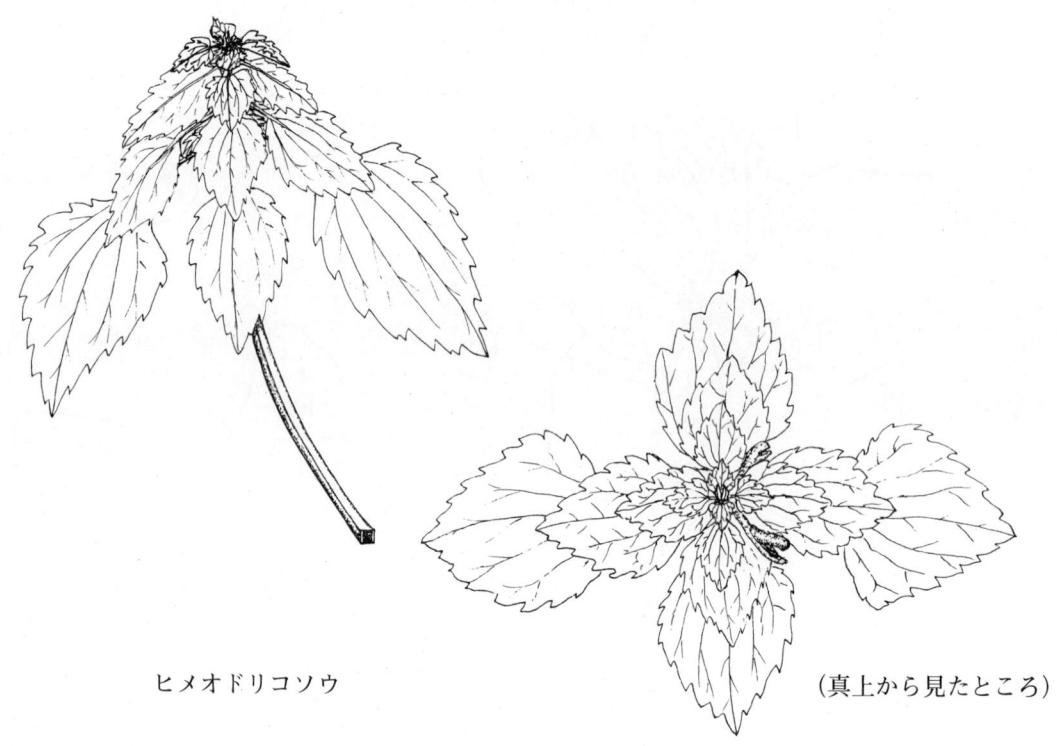

ヒメオドリコソウ　　　　　　　　　　　（真上から見たところ）

　植物の葉はどんなものでもその配列の巧妙さは正に美的であり，機能的であり，完成しきっている。

　ヒメオドリコソウはその葉の配列が特に美しく，その姿が踊り子が踊っているように見えるところからその名がある。茎の先端から下に行くにつれて小さな葉が少しずつ大きくなり，葉柄もそれに伴って長くなっている。真上から見ると葉と葉の重なりが少なく，どの葉にも日光が当たるような配列になっているところがすごい！

　よく観察すれば，すべての植物の葉がそれぞれの規則性のもとに配列している。美しさの奥には規則性が隠されているのである。自然が美しいのはすべて秩序正しく整然と動いているからである。秩序の美，規則性の美，それが生命の美そのものである。

プランターは芽生えの展覧会

1つのプランターの中に，これだけの芽生えが見られた。
植えもしないのに……さすがに雑草はたくましい！！

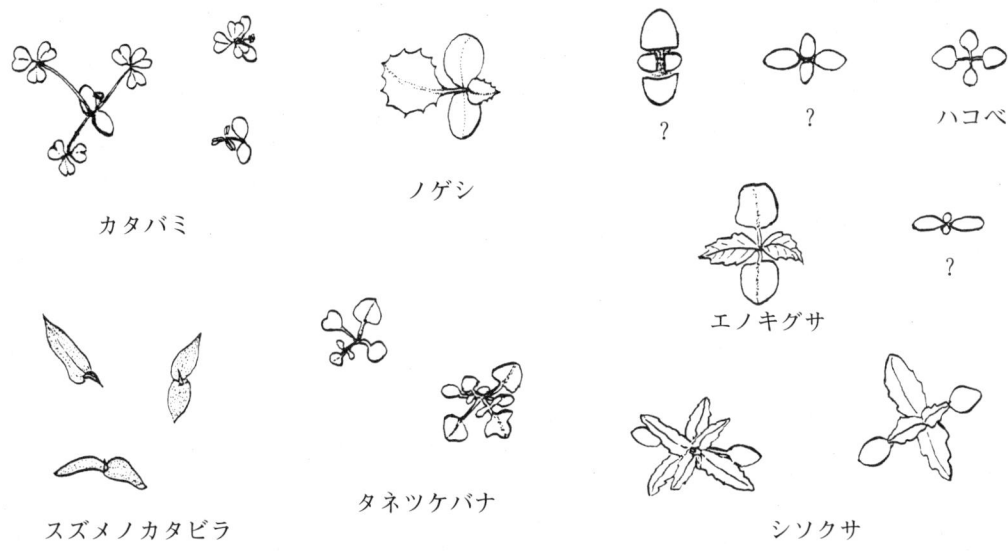

　春になると，植えもしないのにいつの間にか多くの草が芽生えて来る。よく見ると，どれも双葉の形や色まで違っている。植物は双葉のときから個性を発揮している。「せんだんは双葉より芳し」という。この場合のせんだんはビャクダンのことらしいが，せんだんに限らず，どの植物もたねや双葉の時から形・大きさ・色などすべてに個性を持っている。
　春先のプランターは正に双葉の展覧会となっている。この時を逃さずに丹念に観察して見れば双葉の多様性に驚かされる。これはプランターに限らず，近くの公園や街路樹の下においてもよく見られるもので，少し気をつけていれば容易に観察できる。雑草のたくましさを感じつつ，スケッチしておくとよい記録となる。草の名前は少し成長して本葉が伸びた頃に調べればよい。

花びらの筋の数に注目！

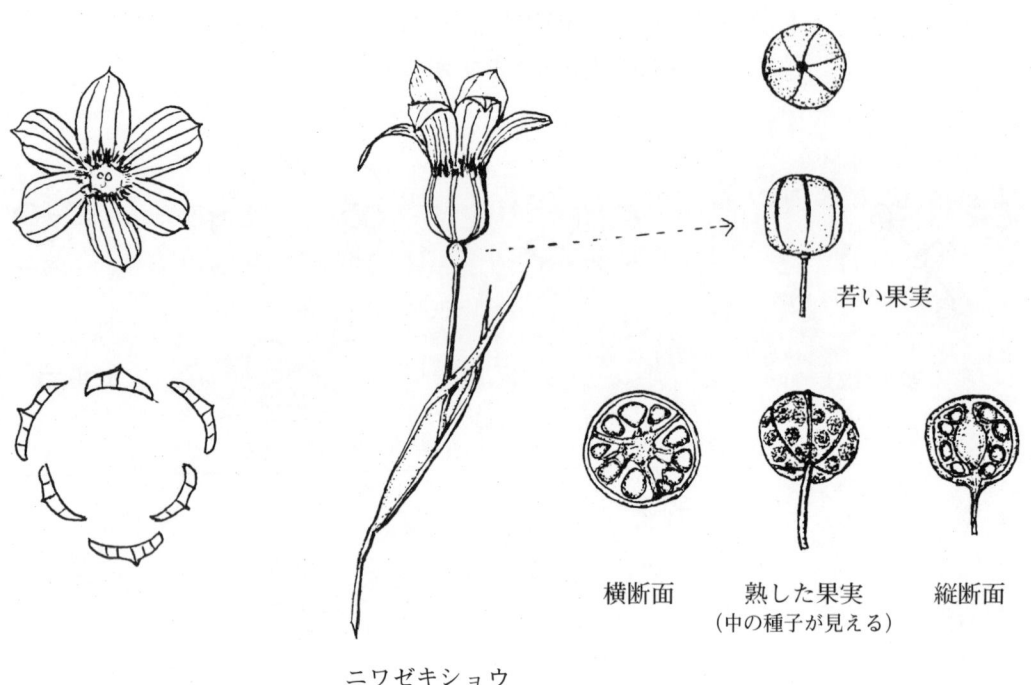

ニワゼキショウ

若い果実

横断面　熟した果実　縦断面
　　　（中の種子が見える）

　小さな花もよく見つめてみると，いろいろな発見がある。アヤメの仲間のニワゼキショウは，花びらが6枚のかわいい花である。その花びらは内側に3枚，それを取り囲むように外側に3枚配列されている。花びらにはどれも縦の筋が入っている。しかしさらによく見ると，その筋の数が内側の花びらと外側の花びらとでは違っている。なぜ？どういう意味があるのだろうか？この花を横から見るとがくに当たる部分がない。ちょうどチューリップと同じである。花びらの内側を内花被，外側を外花被という。内と外の花びら（花被）が形や色，大きさに違いがある場合には，内側を花弁（花びら），外側をがく（がく片）と呼んでいる。このような花を探してみると案外身近に見つかるものである。今まで花という全体で漠然と見ていたことに気づかされる。とにかく，一度はじっくり詳しく見つめてみる習慣をつけたい。驚きや感動が倍加すること間違いなしである。

ポプラのたねって見たことある？

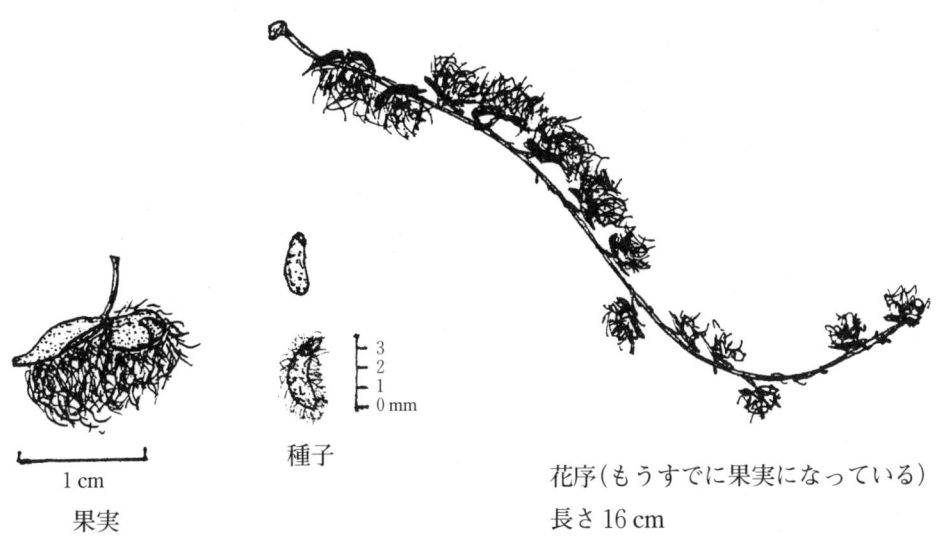

○果実の中に種子が入っているものが少なく，この場合，1つしか確認されなかった。

カロリナポプラ

　桜には花が咲くが，ポプラになど花は咲かないものだと思い込んでいることが多い。自分で気づかないものはないことになっているのである。これは自分が認知しないものは存在に入らないことをよく表している。もちろんポプラにも立派な花が咲き，実ができる。5月も終わり頃，公園やときには街路樹付近で綿毛のようなものがたくさん飛んでいることがある。足元にはその綿毛がかたまって雪が積もったようになっている。これがポプラの種子である。その綿毛を手にとって指で探ってみると，ほとんどが綿毛だけで，種子の入っているものは少ない。ポプラはなぜこんな一見無駄というか効率の悪いことをやっているのだろうか？効率のみを優先する人間の目からは無駄に見えても，自然界の中ではきっと役立ち，それでなければならない理由があるのかもしれない。

種類はちがっても よく似たねがある

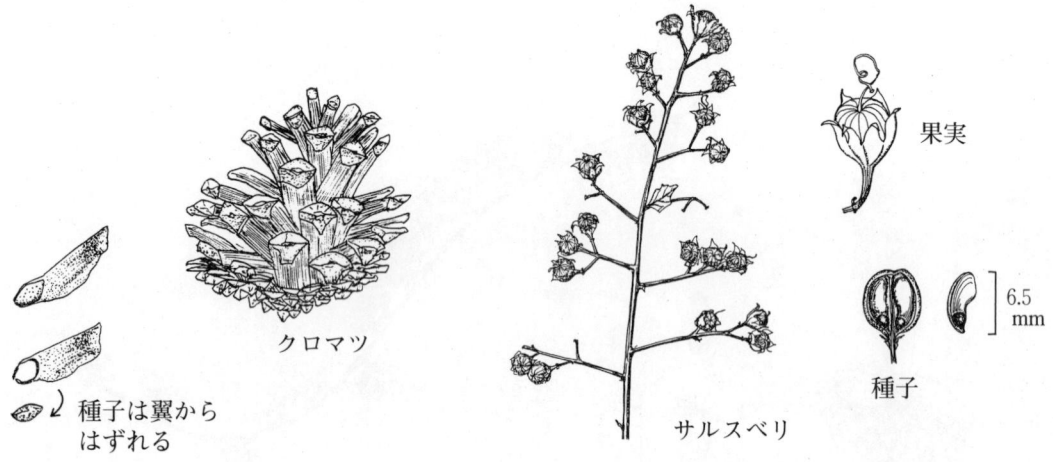

クロマツ

種子は翼からはずれる

サルスベリ

果実

種子

6.5 mm

・風で飛ぶたねをもつ植物は明るい所を好んで生えるものが多い。

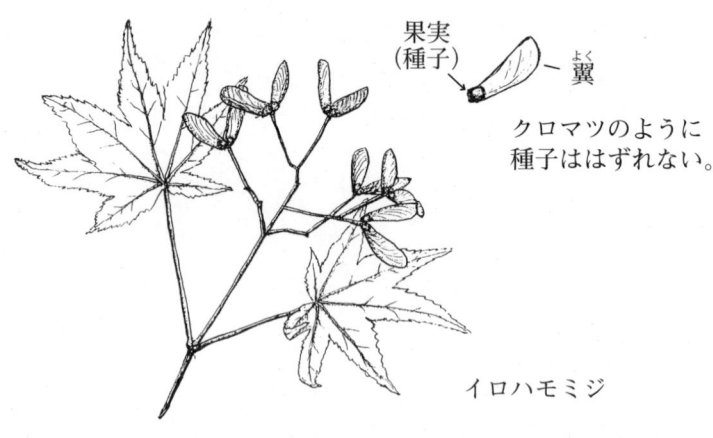

果実（種子）
翼（よく）

クロマツのように種子ははずれない。

イロハモミジ

　プロペラを持ったたねといえば，モミジのたねを思い浮かべる。しかし，まったく違う種類であるサルスベリ（ミソハギ科）やクロマツ（マツ科）のたねも同じような形のプロペラ（翼）を持っている。話し合ってそろえたかのように形態が似ている。この現象の一つを見ても，自然界は多種多様な生物が互いにまったく無関係に勝手気ままに生きているとは考えられず，どこかで深くつながり合っていることが洞察される。葉の形，樹形，花の形態，果実，根など様々な部分で相似の関係を見出すことができる。

春は樹木の落し物が多い

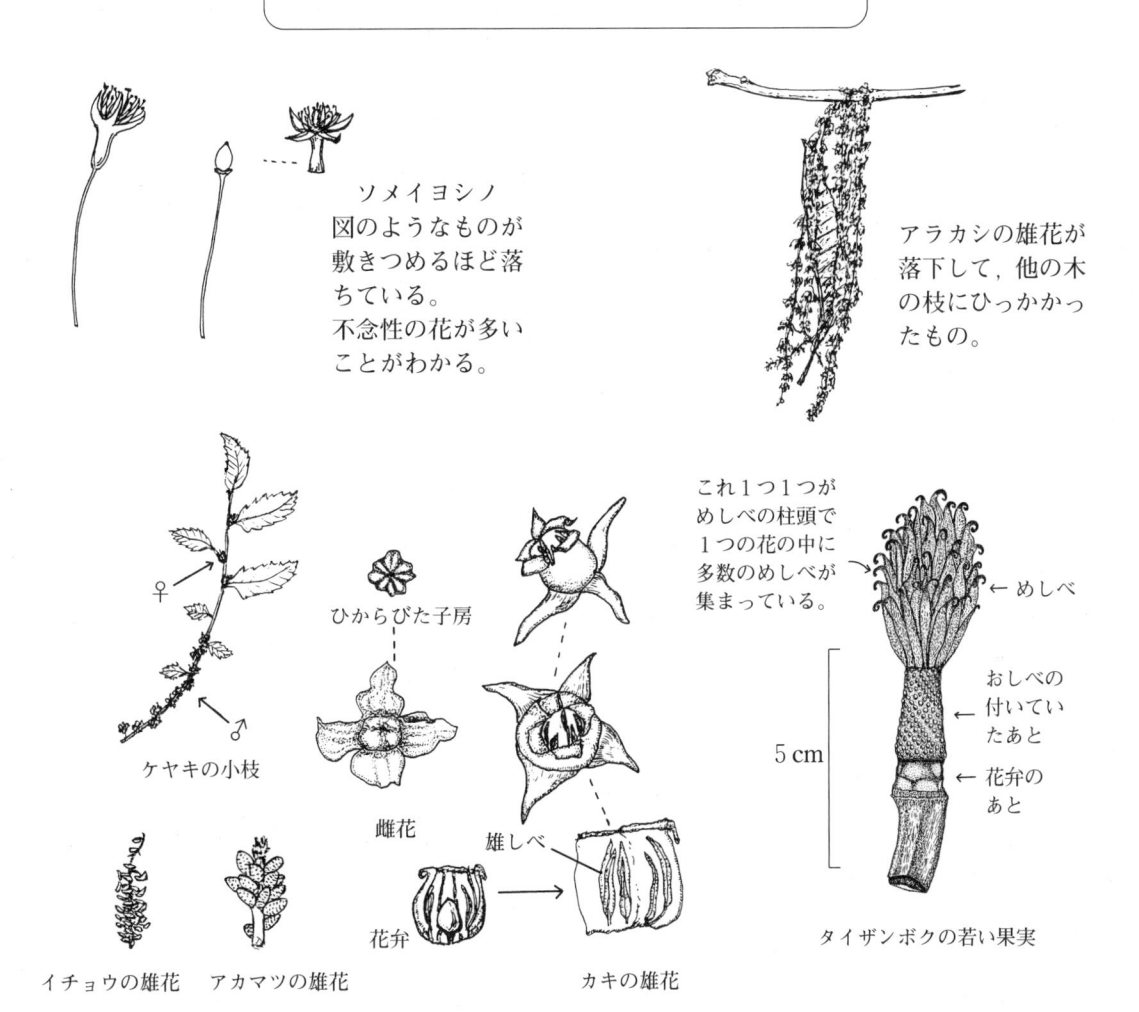

ソメイヨシノ
図のようなものが敷きつめるほど落ちている。
不念性の花が多いことがわかる。

アラカシの雄花が落下して、他の木の枝にひっかかったもの。

ケヤキの小枝

ひからびた子房

雌花

花弁　雄しべ

イチョウの雄花　アカマツの雄花　カキの雄花

これ1つ1つがめしべの柱頭で1つの花の中に多数のめしべが集まっている。

←めしべ
←おしべの付いていたあと
5cm
←花弁のあと

タイザンボクの若い果実

　冬の間枯れ木のように立っていた木々に、春一斉に花が咲き、若葉が展開し始めると、誰もが生命のいとなみに気づくものである。しかし、花が散った後はほとんど見る人もなく見過ごされていることが多い。目立つものには目が向けられやすいが、その後は見捨てられてしまうようである。そこをちょっと意識して樹木の下を歩いてみると、意外にもさまざまなものが落ちているのである。

　4月の後半から5月にかけていろいろな樹木の下で拾ったものをスケッチしてみた。私達の気づかない所でこんなにも様々な生命のいとなみがなされていたことに改めて驚きを感じる。また一方、6月や12月の頃にもタイザンボクの木の下には花の跡や実が落ちていた。

　少し注意深く見ていると、一年中何かに出会うことができるのである。正に樹木の落し物は生命のいとなみを告げる情報源であった。

身近に見られる木につくきのこ

―枝を食べるくらげ―

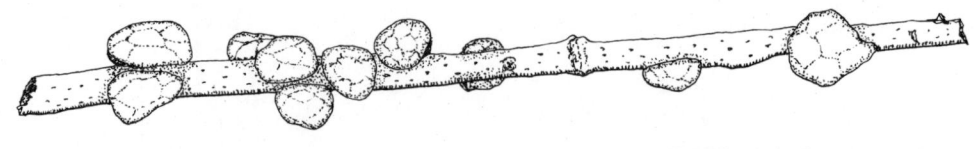

1 cm

タマキクラゲ
(クヌギの枯枝についていた)

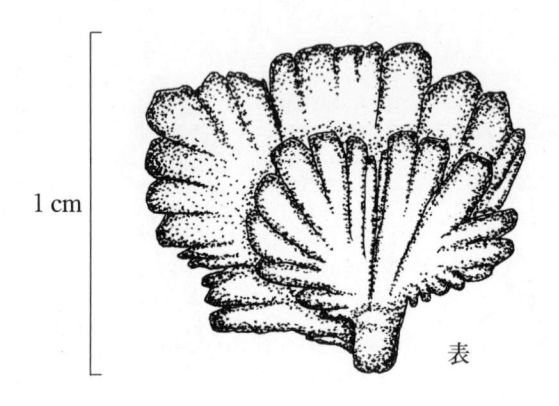

―縁起のいいキノコ―
形から末広たけと名づけられた。

(街路樹のケヤキの枯枝についていた)

1 cm

表

裏

スエヒロタケ

いずれも小さなキノコだが，これらのキノコのはたらきで枯れた木は腐って土にもどっていく。小さなキノコの大きなはたらきに目を向けたい。

　きのこにはマツタケのように地面から生えているものとシイタケのように枯れた木につくものとがある。生きた木の根について成長する菌根菌と枯れた木を腐らせる木材腐朽菌とである。公園の隅や校庭においても日陰で枯枝がたまっている場所では，特に梅雨時には色々なきのこが発生している。図に示したものは比較的よく見られるもので，ちょっと気をつけていれば見つけることができる。地味で目立たないきのこ達ではあるが自然界では分解者としての重要な役目を果たしている。これらのきのこ達がいなければ樹木も成長することができない。持ちつ持たれつの切れない間柄にあるのが木ときのこである。きのこは木の子である意味も納得できる。

生きているから変化する

ツルタケ

　きのこも成長段階によって形や色，大きさなどがずいぶん変わってしまう。これでも同じものかと疑うくらいに変形してしまうものが多い。見続けていないと別の種類かと間違ってしまう。同じように草も木もたねから成長し，花を咲かせ，実をつけて変化して一生を終えるが，きのこはそのサイクルが短く，ヒトヨタケ（一夜茸）では一夜でしなびて崩れてしまう。「生きているから変化する」成長も老化も変化のうちである。

　考えてみれば，生物はすべて生まれてから死ぬまで一生の間日々変化し続けるのである。厳密に言えば，同じ状態は一日もなく，誕生・成長・老化・死へと変化の連続の一生を送るのである。私達はその一瞬を観察しているに過ぎない。観察しているその人間自身も同様に変化し続けている存在である。それは生物に限らず，山も川も大地も地球も星も宇宙も，この世界すべてが変化し続け，留まる所を知らないのである。正に平家物語の冒頭にある「祇園精舎の鐘の声　諸行無常の響きあり　紗羅双樹の花の色　盛者必衰の理をあらわす」そのものである。

成長するごとに葉の形が変わっていく

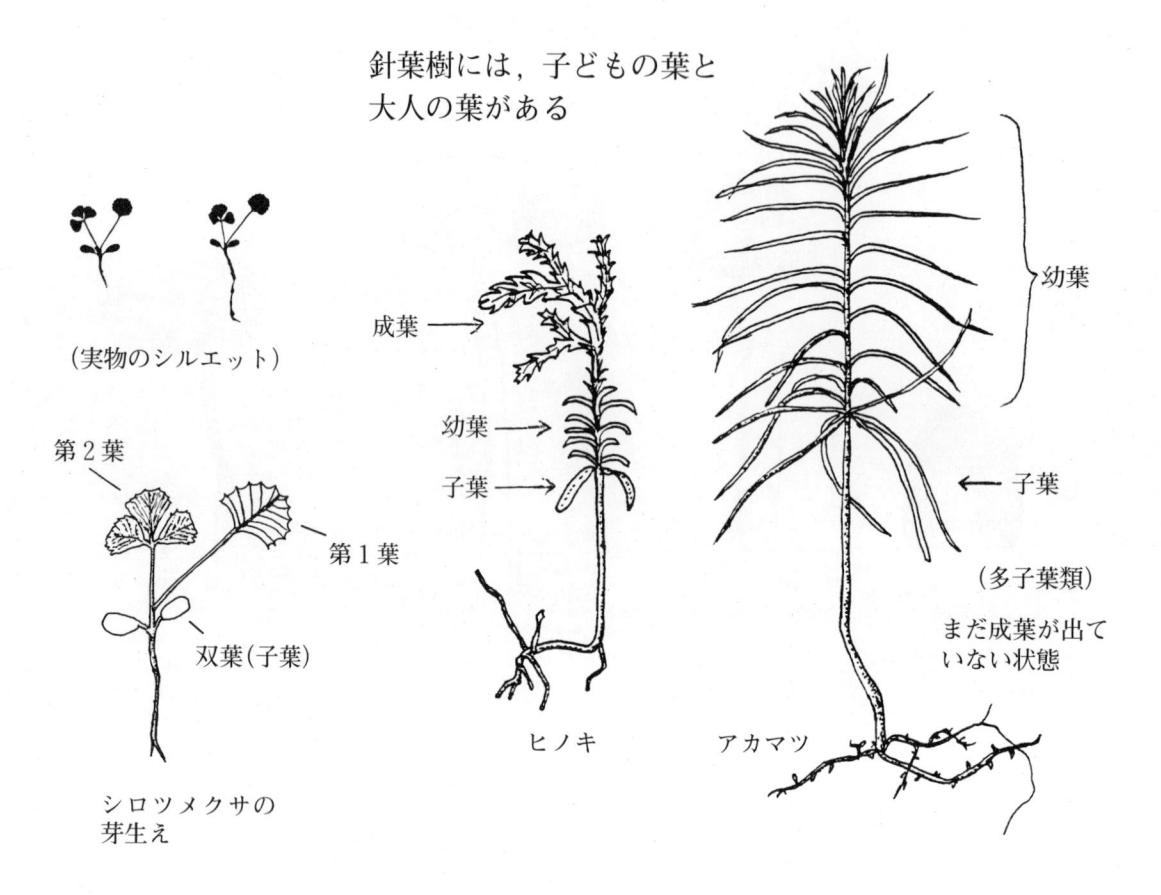

針葉樹には，子どもの葉と大人の葉がある

（実物のシルエット）

第2葉
第1葉
双葉（子葉）

シロツメクサの芽生え

成葉 →
幼葉 →
子葉 →

ヒノキ

幼葉
← 子葉

（多子葉類）
まだ成葉が出ていない状態

アカマツ

　双葉と本葉の形が違うことは，アサガオを育てた経験からすぐに想像がつく。しかし，その本葉の形も段階をおって少しずつ変わっていくことに気づいている人は案外少ない。その訳はシロツメクサにしても他の植物にしても，成長しきってからはよく見ることはあっても，たねから芽を出したばかりの頃に見ることは先ずないからだ。よほど注意深く観察していないとその段階に出会うことができなくて見逃してしまうことになる。ふつう双葉といっているものは正確には子葉といい，シロツメクサなどは子葉が2枚あるので双子葉類と呼び，アカマツのような針葉樹は子葉の数が多いので多子葉類と呼ぶ。いずれも子葉からいきなり本葉にならず，第1葉，あるいは幼葉と呼ばれる段階を経て本葉になっていく。このような成長を見守るのも楽しい観察である。

見えない部分に大事なものが隠されている

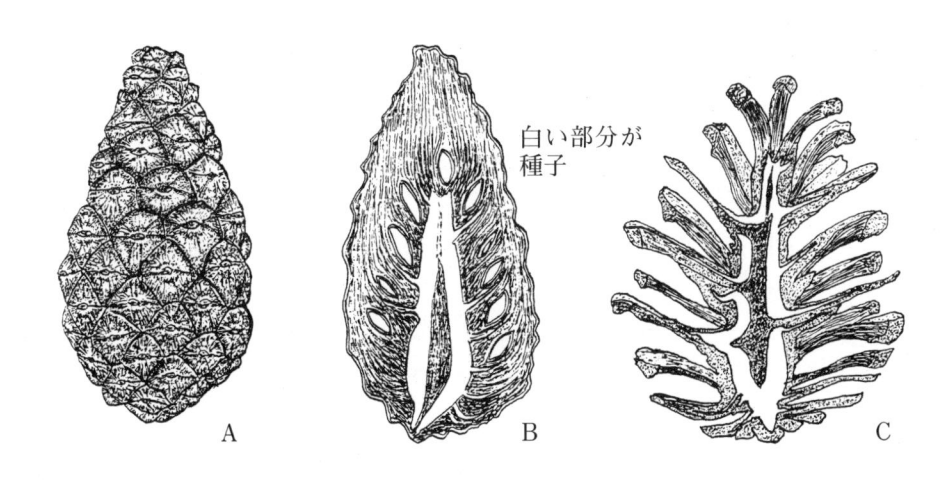

A：まだ緑色の未熟な球果
B：Aの縦断面
C：落下していた球果の縦断面

（Bの図中：白い部分が種子）

クロマツ

・マツは小さな種子を守るためにまつぼっくりという大きくて頑丈な保護器官を作る。

　私達は「まつぼっくり」というものを知っていると思っている。しかし，本当のまつぼっくりの大事な部分は，あの木質化した羽のような，へらのような部分（種鱗という）の内側に保護されている種子である。まつぼっくりは種子を守る保護器官であり，入れ物である。外側のケースだけを見て，中身を見ることがむしろ少ないのである。樹についた状態の少し若いまつぼっくりを取らないと種子を見ることができない。樹の下に落ちているものは種子を飛ばした後の，言わば抜け殻である。上の図のBはまだ緑色をしている若いまつぼっくりの縦断面である。硬い皮に守られてその内側に種子が入っていることがわかる。ほんの小さな種子を守るためにマツは膨大なエネルギーを費やしてまつぼっくりを作っている。だからガードが堅いのだ。安全には力を尽くしているのである。子孫となる生命を守るために。落ちているまつぼっくりをよく見ていると，雨の日は図Aのように種鱗は閉じているが，晴れの日には図Cのように開いている。まつぼっくりは樹から落ちても乾湿運動（湿ると閉じ，乾くと開く）を繰り返している。

I. 理科教育の視点からの自然観察

第3章 自然観察の方法とその視点を考える

指導の技術 野外観察をどうするか？

身近な自然とのすばらしい出会いを求めて

1．活動のねらい

　生活科における野外での自然とのふれ合いは，自然と親しみ，なかよしの友だちになることがねらいです。子ども達を取り巻くごく身近な環境の中にも，それなりの自然があるものです。見ようという気持ちと，見る目さえもっていたら，足元のごく身近な自然の中にすばらしい出会いが生まれます。そんな小さな自然との出会いの積み重ねが，やがて大自然へと目を開く体験的な基盤となっていくものと思います。私たち教師の役割は，子ども達に自然への目を開いてあげること，そして自然を見る目をより確かなものに，より深く，より広いものに育てていってあげることでしょう。そのためには，指導者自身の心が自然に対して開いていなければ，子ども達一人ひとりにとっての自然とのすばらしい出会いを受け止めてあげることができないことになります。ここに最大の鍵があります。

　野外での自然観察は，指導技術でも，自然に関する豊かな知識でもありません。自然との出会いを楽しむ心です。子ども達の何気ない発見を共に驚き，共に喜べる心そのものです。

(1) 活動の観点

─ ①自分とのかかわりでとらえる ─

よく見て知っているとか，遊んだことがある，食べたことがあるなど，体験と結び付けたり，何かの活動を通して親しませたい。

─ ②環境とのかかわりでとらえる ─

生き物そのものだけを取り出してとらえるのではなく，その生き物をまわりの環境と共に見る習慣をつけることが大切である。

(2) ねらいとする活動

①自然と触れる楽しさを味わう活動

「糸を引いてつながったよ。5つもつなげたよ。」
「いくつつながるか挑戦だ!」
〈サンゴジュやヤマブキなどの葉〉

● 五感を十分に使った遊びやゲームなどの活動を通して、自然の楽しさ、面白さを体験的にとらえさせたい。

②いのちを感じ，驚き，感動する活動

「そっと，見守ろうね。」
「羽をのばしてかわかしているんだ。」
さなぎからかえったばかりのテントウムシ（体は黄一色）

● 生きているなあと実感できる場面との出会いがあるとすばらしい。また逆に、死と直面することからいのちを考えることもある。

③観察力を養う活動

「どこから花が咲きはじめたんだろうね。」
「これはつぼみかな？」
〈ナズナ〉

● 漠然とした見方から、正確に、くわしく見るようにさせると、新しい発見が生まれることも多い。

④考え・探究する活動

「どんな虫が食べたのかな？食べ方の特徴は？」
「毛虫？」
〈アラカシ〉

● 一つの現象をとらえて、その事実を観察するだけでなく、自分なりに考えさせてみることが、自然を見る目を養う。

⑤自然と人とのかかわりを学ぶ活動

「ほかの木と比べてどのように違うかな？」
「まっすぐに伸びている！」
「スギといって家を建てるのに使われるんだよ。」
〈スギ〉

● 薬草や食べられる草など、人が利用している植物などを通して、人と自然とのかかわりに目を向けさせたい。

⑥自然を理解する活動

「石の下には、いろんな生き物がいるね。」
「虫たちのおうちなんだね。」
「石を動かしたら、もと通りにしておいてあげよう。」

● 自然のしくみを知り、フィールド・マナーを身に付けることが、自然とつき合う大事なポイント。

2．活動の流れと指導のポイント

(1) 野外観察に出かける前に
①**動機付け・きっかけづくり**
▶自然は子どもにとっては未知の世界である。どんなものに出会うだろうか？という期待を膨らませるとともに、見方や探し方のオリエンテーションやアドバイスも必要である。

こんなおもしろいものがあったよ	散歩しようか
○○ちゃんが、こんなものを見つけたよ！／わー！／かわいいキノコ！	散歩すると、いろんなものに出会えるよ！／虫・ヘビ・花

ぼく・わたしの宝物を探そう	春の頃と比べて変わってきたかな？
今日、出会ったもののうちで、いちばん心に残ったものを自分の宝物にしよう。／どんなものに出会えるかな？／ワクワク／ドキドキ	同じ生き物がどのように変わってきたかな？／5月10日 ツツジがいっぱいさいていたよ。〈春の観察カード〉

【教師の援助と留意点】
＊どんな準備が必要か
　　・子どもが発見してきた、面白いものをきっかけに使う
　　・子どもの観察カード（変化をとらえるために）
　　・これから行こうとする野外の安全面や、触れさせたい自然の素材の検討
＊どんな配慮をすればよいか
　　・動機付けやきっかけづくりは、懲りすぎないで、さらりとあっさり流すことが大切。ここに時間をかけるより、早く自然と子ども達を出会わせてやる方が、発見が生まれ、自然との親しみが深まる。

(2) 野外観察に出かけて
②探す→見つける

▶ここでは，自然のさまざまな事象や多様な姿に出会うために，どんな探し方をすればよいかを，うまくアドバイスしてやりたい。

● **ゆっくり歩こう**

> ときには止まって，静かにじっと辺りを見回してみよう

● **見方を変えてみよう**

> しゃがんでまわりを見渡そう

> 上を見上げてみよう

> アリになったつもりで，地面をはいまわるような気持ちで見よう

> 股の間からのぞいて，さかさまの世界から発見し，驚きを感じよう

● **耳や鼻，手ざわりをもっと働かそう**

> 自然のもの（音，におい，感触など）と人工のものを比べよう

耳　鼻　手

【教師の援助と留意点】

※ここでのポイントは，そのものズバリを子どもに示すことではなく，むしろさりげなく子どもに気づかせるように仕向けていくことである。

○自然のリズムにこちらが合わせることが大切。ゆっくり，じっくり，そっと動けば，見ようとしなくても見えてくるもの。

○視線を変えると，今までの世界が違って見えてくるもの。
・立って，しゃがんで，寝て…とそれぞれの状態で上を見る。
・顔を地面にすり寄せるようにする。ときには寝そべってみるとよい。
・逆さまの世界は面白い。どんなところが面白いと思うかがその子の発見である。

○目にばかり頼らないで，別の感覚を働かせると，また違った発見ができる。
・いつも五感をしっかり働かせるようにアドバイスしておくことが大切。

③見る→見つめる

▶見ることは誰にでもできて容易なことのようだが、要を得た見方ができるまでには、それなりの経験や訓練がいる。ここでは高度な見方を求めているのではなく、ただぼんやりと見ているという段階から、一歩高めて"見つめる"という見方をさせたい。漠然と漫然とした見方から、一つのもの、ことをじっくりと見続けること、つまり、見つめることによって必ず発見があるものである。

※何かを見つけてもすぐとったり、つぶしたり、追ったりしないで、まずは、そっと見る習慣をつけさせたい。

● ここをよく見てごらん　〜場所や対象を具体的に示す〜

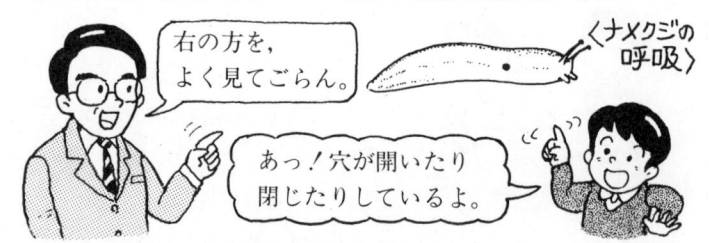

「右の方を、よく見てごらん。」
〈ナメクジの呼吸〉
「あっ！穴が開いたり閉じたりしているよ。」

○見る事柄、見る部分、場所をはっきりと示し、子どもがそこを間違いなくとらえて見ているかを見守ることが大事。

● こんな見方をしてごらん　〜見る視点を示す〜

「虫の食われ方を比べてごらん。」
「木の葉の食べ方もいろいろだね。」

○視点の意味をできるだけ具体的に示してかからないと伝わらないことがあるので注意！

④働きかける

▶見つめることによって、今まで見えていなかった自然の姿が見えるようになる。更に続いて、こちらから自然に働きかけると、自然はまた違った様相を示し、より一層、深い自然の不思議な力が見られることになる。ただ一つ、最も注意がいるのは、そっと働きかけることであって、自然を壊すような行為ではないということである。

※どんな働きかけ方をすると面白そうかを、まず、よく考えさせたい。もちろん、やってみないと分からないことが多いが、行動に移す前に考えることと、働きかけた結果について話し合ってみることが大切。

● そっと、さわってみよう

「さわると種がとびちる」
〈カタバミの実〉
「毒があるかわからないものは小枝などを使って、注意してさわってみよう。」

● 小さな実験をしよう

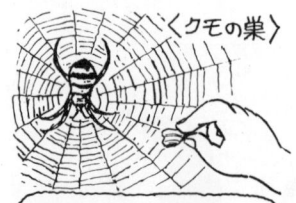

〈クモの巣〉
「葉のかけらをつけると、クモはどうするかな？」

○ただし、自然を破壊するような働きかけはさせないようにしたい。

⑤感じる，思う
▶自然の中に入り込み，見つめ，働きかけ，そして自分なりの発見をする。といった一連の野外活動のねらいの最大のものは，自分の感じ方，自分なりの思いを大切にして，豊かな感性を養うことにあるといっても過言ではない。できるだけ豊かに自分なりの感じ方や思いをもつこと，そのことに価値があり意義がある。

● □□さんの好きな花はどれ？

「わたしは，ムラサキカタバミの花が好き！」
「どうしてこの花が好きなの？」

● △△君の好きな虫はどれ？

「ぼくは，テントウムシが好きだよ。おもしろい虫だから。」
「どんなところがおもしろいの？」

● これを見てどう思う？
（言葉に出して質問しなくてもよい）

● このにおいはどんな感じ？
葉をちぎってにおい
花のにおいをかぐ

● さわってみてどんな感じ？

● あの雲，何に似てると思う？

※友だちがどんな思いをしようと，どう感じようと，それを笑ったり，バカにしたような言葉を出したりしないようにさせたい。どの子の思いも感じ方も尊重される雰囲気づくりが何よりも大切である。

○誰でもさまざまな思いや感じ方はもっていても質問の仕方一つで出しやすかったり，出しにくかったりすることになる。
ここではさりげないたずね方がポイントになる。

○友だち同士で，それぞれに感じ方や思いは多様であることを実感させると共に，自分なりの思いや感じ方を大切にしていこうという気持ちを育てておきたい。
○何も思わない，感じないという子に対しては，多少無理してでも言わせてみることで，思いも出てくるものである。

⑥ 考える→探る

▶ 「おや？不思議だなあ」「すごい！」といった疑問や感動の次には、「どうしてだろう」「なぜそうなるのだろう」「きっとこうじゃないか」などと考え、探るといった探究活動が始まる。結果が出るか出ないか、答が正しいか正しくないかということが問題ではなく、考えてみるという行為、掘り出そうとする探究心そのものが大切なのである。

※考えるといっても難しいことではなく、ちょっと思ってみる、想像してみる程度から始めればよい。

● どうしてこうなったのだろう？

きっと虫に食われたんだ。
よく見てごらん！穴の大きさが、少しずつ小さくなっているよ。
どうしてこんな穴があいたのだろう？
〈カンナの葉〉

○左の例は1・2年生にとっては、難しい問題なのでふさわしくないかもしれないが、要はいろいろと想像をさせてみること自体に意義を見い出したいのである。様々な自然現象をただ見過ごしてしまうことなく、「どうして？」「なぜ？」と考える習慣を身に付けさせたい。

● たどってみよう！何か見つかるかも？

ずいぶん長い行列だ。
何をしているのかな？
切りかぶのこんなところが巣だよ。
どうして行列をつくるのだろうね。
〈アリの行列〉

○探っていくとはどういうことかを、左のような簡単な例から体得していけるように配慮していきたい。

○探りながら考え、考えながら探ること。

● これは何だろう？

葉っぱにこぶができているよ。
何だろう？虫の卵かな？
わってみると、小さな虫がでてきたよ。
〈虫こぶ〉

○自然界には、「何だろう？」ということはいくらでもある。ただ、何か分かることはむしろ少ない。分からなくてもよいのである。考えることが大切。

⑦教わる，知る

▶自分で発見することの大切さは，野外活動の大前提であるが，一方では自然界のさまざまな現象，動植物名，生物の習性などについて先生や友だちから教えてもらったり，図鑑や本から知ったりすることも，とても大事な学習である。ただ，大事なことは，教わり知ることが，見たり体験したり，自分で考えたりすることより先に行われないことである。

※指導者はこれだけは全員にしっかり教えておきたい，というものを明確にしておくことが大切。ただし，あまり多くなり過ぎないように，最小限にとどめたい。

●友だち同士で知っていることを教え合おう　●先生の説明をしっかり聞こう

○よく知っている友だちからしっかり学ぼう。
○互いに教え合うことの大切さもここで学びとらせたい。
○説明はくどくならないことがポイント。いつも軽くさらりと流すこと。

⑧表現する

▶自分なりの表現ということが第一である。発見したこと，感じたこと，思ったこと，学んだことなどを自分で消化した形で，自分のものとして表現していくところに，その子なりの個性が表れてくるのである。表現活動を通して，初めて自分のとらえたところが，他の人にも伝わると共に自分自身でも再認識することができるのである。

※良い表現の仕方については，全体の場で認めて，勧めるようにし，新しいアイデアがいくらでも出るように仕向けていきたい。

●動作化して　●絵にかいたり，文章で示して

●声に出して

○特に絵などのように，残る表現の仕方には，より丁寧でその場その場に応じた指導が求められる。

⑨記録する

▶記録する習慣をつけることは，探究活動の基本である。記録があれば情報交換も可能となり，継続観察や相互補完もでき，自然の認識・理解が一層深まる。そのときその場での自分の思い，感じ，考えも記録しておくことが大切である。

※掲示板などを利用して，子ども達の作品がいつも見られるようにしておきたい。

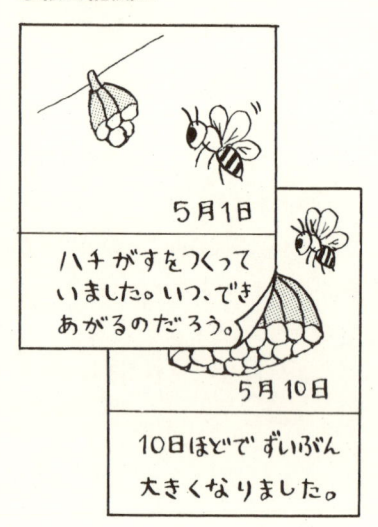

●絵日記風に　　●実物をはっておく

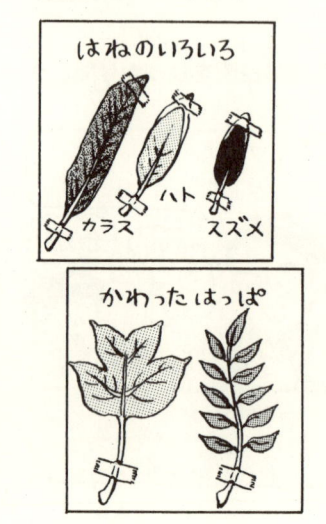

○何を記録しておくことが大切かをよく考えさせたい。
・年月日
・場所
・見たものの名前（分かれば）
・特徴

⑩伝える

▶自分の発見したことや思ったこと，考えたことなどを人に分かりやすく伝えることは，以外に難しいことである。総合力が問われる。逆に言えば，たいへん良い学習となるわけである。まとめる力，発表力，理解力，表現力などさまざまな面で，自分なりの工夫が求められるところである。

※いつ，どこで，誰が，何を，どうした，といった要点が明確に伝わっているか，自分の思いや考えがしっかり述べられているかを指摘して，より分かりやすいものにしたい。

●お友だちに（個人的に）　●全体の場で

○声の大きさはどうか
○人の顔を見て話す
○絵や実物を上手に使う

(3) 野外観察を終えて
⑪振り返る

▶自分自身の活動の様子や発見の成果，友だちとの交流，協力，表現や情報交換の状況など，一つの活動を終えたあと，それら一連の活動を振り返ることは，次の活動の方向性，活力を生み出す源となる。ちょっとした時間でいいから振り返る時間を是非とりたいものだ。

※長い時間とることはできないが，何回か短時間でも振り返ってやっていくこと，子どもの心にもその習慣がつき，その思いで活動に取り組むことにもなる。

○事実や活動の内容ばかりでなく，自分の思いやそのときの感じも述べさせたい。

(4) 評価はどうする？
　　〜長い目でみることを忘れずに〜

●活動の様子から
- 積極的に動いているか。
- 自分の思いをしっかりもっているか。
- 発言にキラリと光るものがあるか。
- 自分なりの発見をしているか。
- 楽しんで取り組んでいるか。

●記録から
- 絵のうまさより，自分の思いが絵に込められているか。
  （自分なりの発見・驚き・不思議）
- 事実だけでなく，自分なりの感じや思い，考えなどが表現されているか。

指導の技術 **生活科に生きる教師のための自然観察入門**

● 五感をみがこう ●

◎自然の音を聞き取ろう

・校庭の片隅で数分間，じっと耳を傾けよう。

⬆ コケって，じゅうたんのようにふわふわだね。

◎校庭，においめぐり
・ぼくの，わたしの好きな香りの花を探そう。

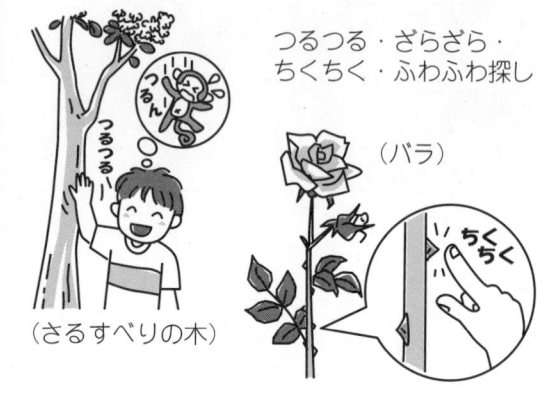

つるつる・ざらざら・
ちくちく・ふわふわ探し

（バラ）

（さるすべりの木）

◎どの花が甘いかな

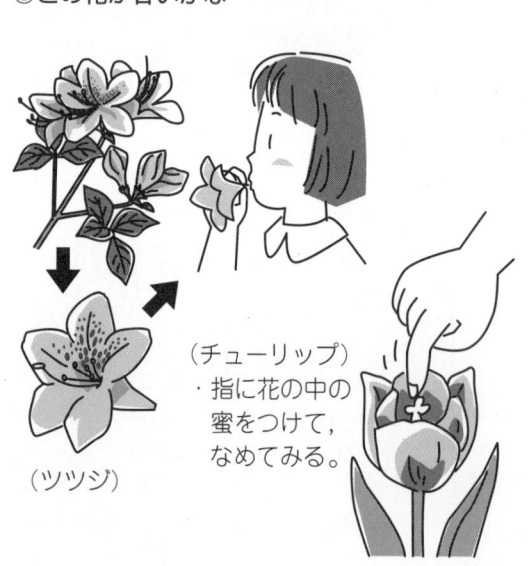

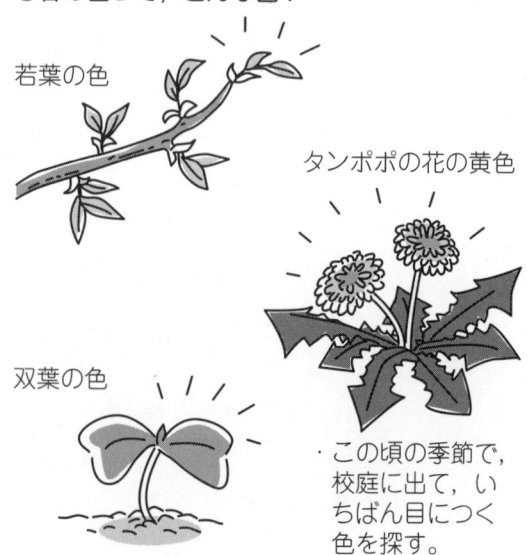

（ツツジ）

（チューリップ）
・指に花の中の蜜をつけて，なめてみる。

◎春の色って，どんな色？

若葉の色

タンポポの花の黄色

双葉の色

・この頃の季節で，校庭に出て，いちばん目につく色を探す。

第3章 ● 自然観察の方法とその視点を考える

● やってみよう，小さな実験を！ ●

◎アリの道に，小石を置くと…

アリがどうするかをそっと観察する。

◎ダンゴムシは，どのようにして起き上がるのだろう？

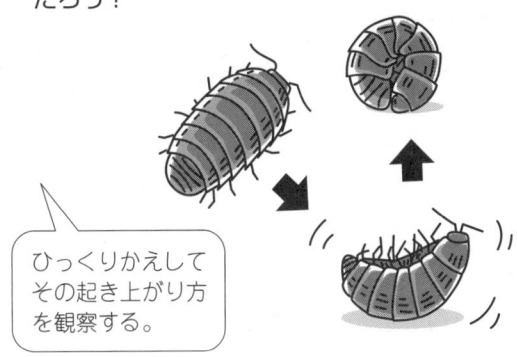

ひっくりかえしてその起き上がり方を観察する。

【タンポポの綿毛】

どこまで飛ぶかな

・だれのが遠くまで飛ぶか競争してみよう。

◎テントウムシを飛ばそう

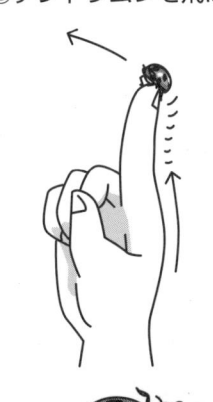

・テントウムシを手にのせて，指を立てておくと，テントウムシは，上へ上へ登り，登りつめた所から飛び立つ。

どのように羽を出して飛ぶのか，観察しよう。

◎ナメクジだって，逃げる時は速い

・石や植木鉢の下にひそんでいたナメクジを枯れた小枝などで，ちょっとつついてやると，どんな動きをするかな。

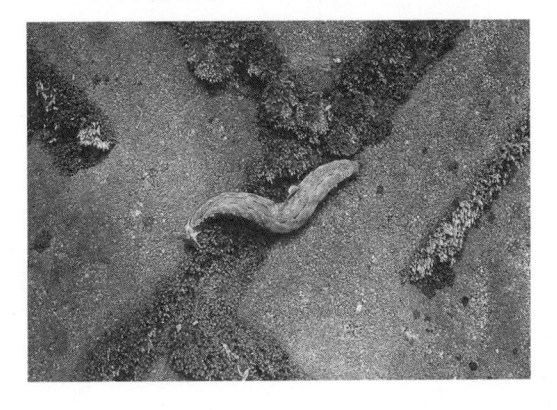

● 自分なりの発見をしよう ●

◎石や落ち葉などを，そっと
めくってみよう
・石の下は，小動物たちの住み家
である。

観察後は，必ず，もとの状態に
もどそう。

◎中をのぞきこもう
（木の幹にあいた穴の中）

◎しゃがんでみよう
・校庭の隅や花壇，また公園の草
が生えている所などで，しゃが
み込んで，そのあたりをじっと
見つめると，きっと何かが見え
てくる。

（小さな草の芽生え）

（チューリップの花）

（小さな虫の死がい）

◎掘ってみよう
例えば，タンポポの根って。

◎そっと近づいてみよう

何をしている
のだろう

（ヒヨドリが……）

（ミツバチが……）

なが～い！

第3章 ● 自然観察の方法とその視点を考える

● 観察力を高めよう ●

◎小さなものをよ〜く見つめてみよう

・雑草の小さな花も，目を近づけてよく見ると，今まで気づかなかったことがいろいろとわかってくる。

◎こうして見ると，見えてくる！
▼1本のひもで，四角の枠を作る。この中を，丹念に見つめる。

・ひもは，草むら，芝生など，草や虫が多い所に置くのがよい。

▼1本のひもを校庭の隅の草などが生えている場所に置く。

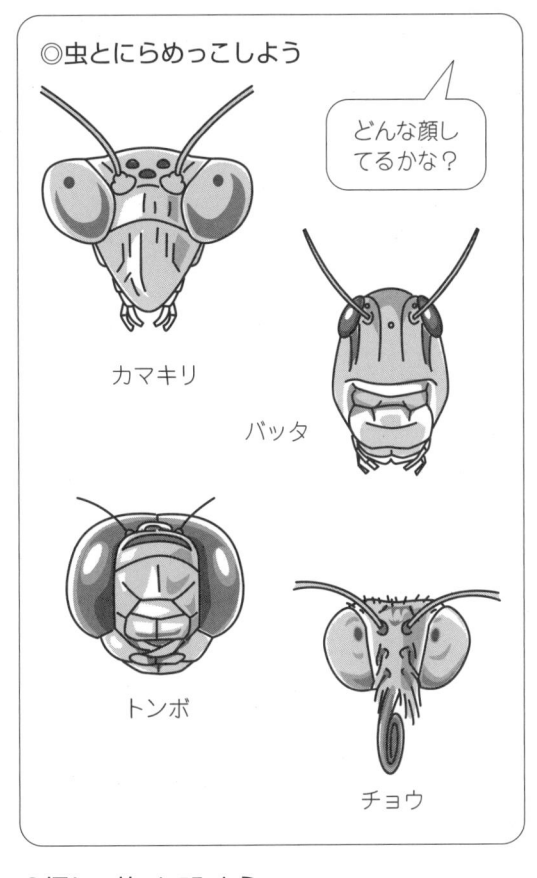

・このひもに沿って，虫めがねでじっくり見ていく。

◎虫とにらめっこしよう

どんな顔してるかな？

カマキリ

バッタ

トンボ

チョウ

◎探して比べてみよう

どこが似ていて，どこが違うかな？

（タンポポによく似た花）

タンポポ　　ノゲシ　　ヒメジョオン

（模様の違うテントウムシ）

— 53 —

● 環境とのかかわりに目を向けよう ●

【環境の中でとらえる習慣をつけよう】

小さな草の花や虫，野鳥など身近な生き物を見る時，花だけ，虫だけ，鳥だけを見がちになる。バッタを見つけた時，すぐにつかまえて虫かごに入れてしまえば，それは，もう自然の中で生きて動いているバッタではない。虫かごという人工物の中にいるバッタにすぎない。草むらの中で，草の葉にとまっているのが，本来のバッタの姿なのである。

まわりの環境の中でのありさまをとらえてこそ，本当の自然の姿を知ることができるのである。

どんな所にどんな虫がいるだろう

どこに，どんな草木が見られるだろう
（例）タンポポは，どんな所に生えているだろう

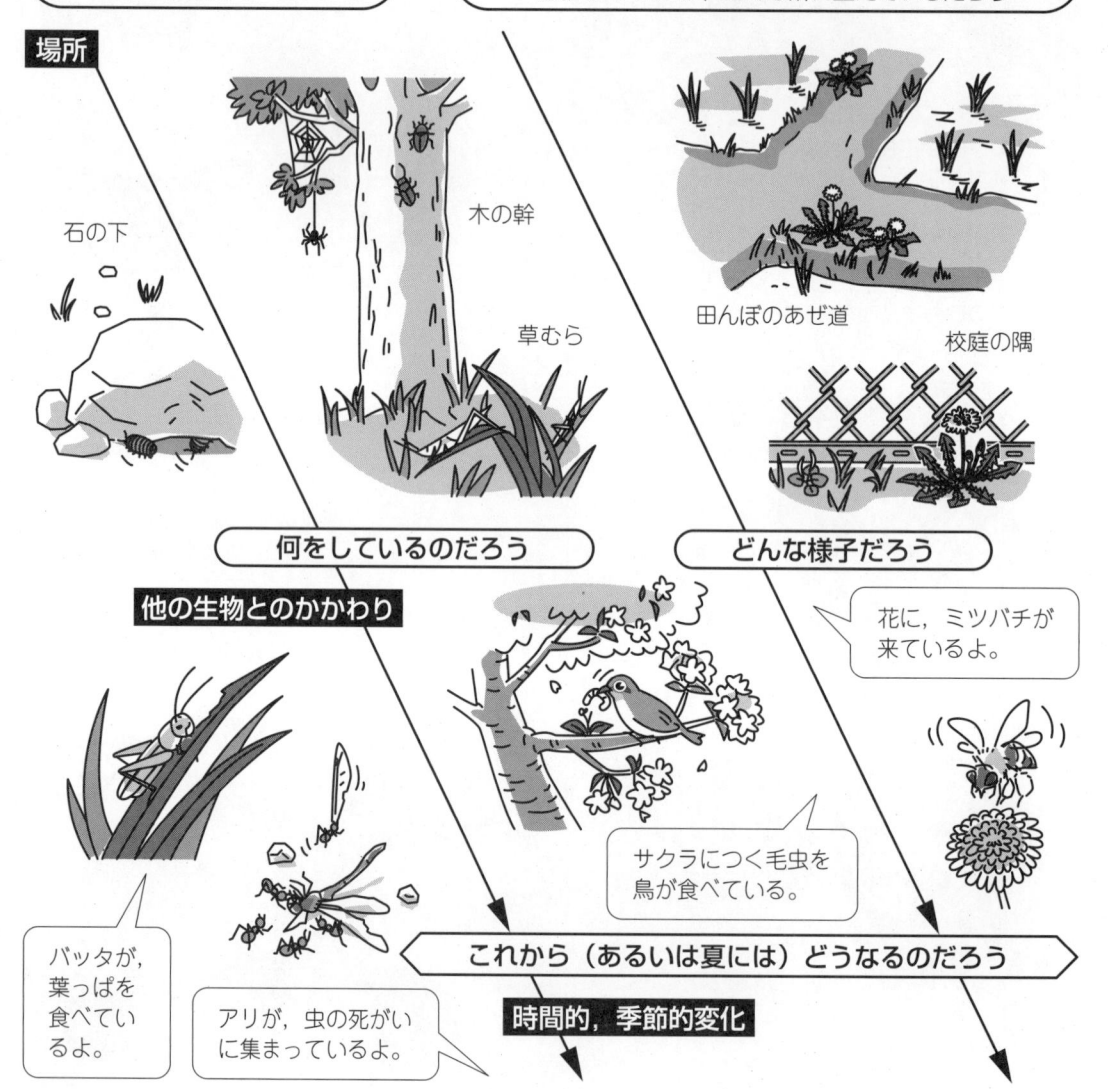

場所

石の下

木の幹

草むら

田んぼのあぜ道

校庭の隅

何をしているのだろう

どんな様子だろう

他の生物とのかかわり

バッタが，葉っぱを食べているよ。

アリが，虫の死がいに集まっているよ。

サクラにつく毛虫を鳥が食べている。

花に，ミツバチが来ているよ。

これから（あるいは夏には）どうなるのだろう

時間的，季節的変化

— 54 —

視点を定めると自然が見えてくる

―――――――― 自然とのふれあいを通して目指したいこと ――――――――

1. 観察力を養う。
2. 思考力を養う。(自然を考える)
3. 自然を理解する。(自然界の調和と秩序)
4. 自然と人間とのかかわりを学ぶ。
5. 自然(生命)への畏敬の念を養う。
6. 自然を心の友として親しみ,楽しむ。
7. 自然から生き方を学ぶ。

―――――――――――― 具体的な活動の視点 ――――――――――――

〈知ろう〉
① 多様性(こんなにいろいろな種類がある)
② 形態(からだのしくみや形など)
③ 生態・生活史,他とのかかわりについて
④ 名前の由来
⑤ 季語(竹の秋,草もみじなど)
⑥ 言葉の意味(「とうが立つ」とはどういう意味か)

〈見つけよう〉
⑦ 美しいもの
⑧ おもしろいもの,変わったもの,めずらしいもの
⑨ ふしぎなもの
⑩ かわいいもの
⑪ うまくできているもの(巧妙なもの)

〈観察しよう〉
―よく見るために―
⑫ 細かいところまで詳しく見よう
⑬ 拡大して見よう(ルーペを使って)
⑭ 違った角度から見よう
⑮ 切ってみよう(断面や中身の観察)
―比較観察―
⑯ 比べてみよう(違うものを,場所を変えて)
⑰ 似て非なるもの,同じ仲間なのに違うもの
―継続観察―
⑱ 変化を見よう(紅葉の様子など)
⑲ 成長を見守ろう(生活史に目を向ける)

〈考えよう〉
⑳ きまり(法則性)を見つけよう
㉑ なぜ?そのわけを解釈したり推理洞察する
―かかわりを考える―
㉒ まわりの環境とのかかわり(無機的環境)
㉓ 生物同士の相互関係
㉔ 人とのかかわり(文化面をも含めて)
㉕ 自然のクイズ

〈採ろう〉
㉖ 調べよう(本も使って正体をつきとめる)
㉗ 実験しよう(アリの行列の横に砂糖を置く)
㉘ 数えてみよう(タンポポのたねの数など)

〈感じよう〉
㉙ 美しいもの
㉚ 快い音,かすかな音
㉛ 香りの良いもの,変ったにおい,嫌なにおい
㉜ 自然の甘味(花の蜜),しぶみ
㉝ 手触り,肌触り(つるつる,ざらざら)
㉞ いのちを感じよう(生命感,神秘性を味わう)

〈遊ぼう〉
㉟ おもしろい遊びができるものをさがす

〈学ぼう〉
㊱ 生き方
㊲ 自然の知恵に学ぼう(種子散布など)

◆ 教えるのではなく，感じ・考える自然観察を ◆

①子どもになりきろう

- 体も心も子どもの目の高さで見よう。
- 子どもといっしょに驚き，感動しよう。

②子どもに発見させよう

- 発見を促す発問や助言を。

「そっと落ち葉をめくってごらん。」

- 発見を導く場へ誘導。

③心は気楽に，散歩気分で

- 教えようとするより，子どもといっしょに散歩しながら，自然を楽しもう。

④生物名にこだわらずに

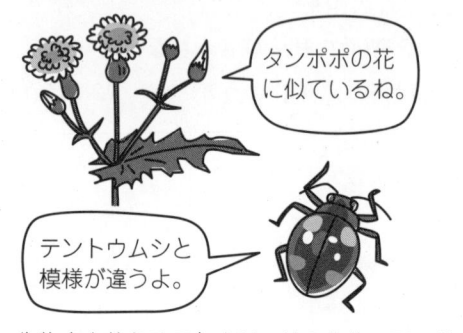

「タンポポの花に似ているね。」

「テントウムシと模様が違うよ。」

- 生物名を教えることより，その生物の形の特徴や動き，まわりの環境とのかかわりに目を向けよう。
- ▶ただし，よく見られる普通の種類については，観察後，名前も教えておきたい。

⑤子どもの言葉で表現させよう

「この草，きみなら，どんな名前をつけるかな。」

「ぼくの見つけた，この虫は，羽が光っていて宝石みたい。」

⑥ ほめ上手であれ

「これは，おもしろいことを発見したね。みんなにも教えてあげようね。」

「切ったらね，白い汁が出たよ。」

・子どもの発見を認めてやり，共に驚いてあげよう。

⑦ チャンスを生かし，臨機応変に

「ヘビだ!!」

・自然に出ると，その時しか出会えないことが多い。そのチャンスを生かそう。

⑧ 子どもから教えてもらおう

「この虫は，ダンゴムシのように丸くなったよ。」

・子どもから学ぶ姿勢を忘れずに。
・子どもは得意になって教えてくれる。そのことが，よい学習となる。

⑨ フィールドマナーを大切に

・大声を出したり，驚かしたりしないで，そっと観察しよう。

そ〜っと…

・ひっくりかえした石は，必ず，もと通りにもどそう。
・必要以上にとらない。

⑩ 危険な動植物は教えよう

危ない!!

ムカデ

「この毛虫はイラガといって，さわると，とても痛いから気をつけましょう。」

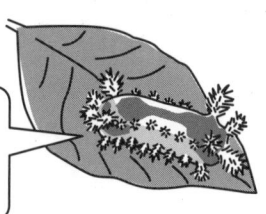

自然の見方 ここを見ると"自然がおもしろい！"

春－小さなことにも驚きを

グラビア1頁参照

◎自然を感じ・考え・楽しもう！

　自分とのかかわりで身近な自然を受け止めていくことが生活科での自然とのふれ合い活動である。自分とのかかわりとは，自然とふれ合った時に自分自身が何を感じ，何に驚き，何を不思議に思い，何を考えたかを大事にしていくことである。つまり，一人ひとりの子ども自身の感性の耕し活動なのである。自然はいつもすべてを含みすべてを私達に語りかけている。その声を聴き取ることのできる心の耳を，心の目を開かせ目覚めさせる活動が，生活科での自然とのふれ合い活動であると言える。このねらいを実現させるためには，単に生き物の名前や習性を知って覚える活動に留まっていてはいけない。自然は覚えるものではなく，自分の心で感じ，考え，楽しむものである。このことを頭で知るのではなく，体験を通してからだで学んでいく活動こそが，今もっとも求められているのである。

　これから，子ども達の心を自然に対して開いていくためのきっかけ作りとなるような自然の見方やとらえ方，接し方を紹介していきたいと思う。しかし，この見方も決して押しつけではなく，子ども自身に気づかせ，発見させるような投げかけや出会いの構成は考えられなければならない。指導者側にこのような見方の幅ができてくると，ゆったりとした気持ちで子ども達の感じ方や発見を受けとめてやれるようになり，さらに意味づけや価値づけをしてやることによって，自然とのふれ合いがより一層高められ，深められ，広げられることだろう。

　自然の見方に関しては，むしろ大人よりも純真で素直な見方ができる子ども達の方がはるかに素晴しいことが多い。私達指導者は，いつでも子どもに学ぶ姿勢を忘れぬことが，自然から学ぶ心そのものであることを認識しておきたい。

◎小さなことにも驚きを！

　身近な自然からでも，驚く心でもって接すると，いろいろな所におもしろい，不思議な，驚く現象が見られるものである。子ども達といっしょに校庭を巡れば，次々に驚きが発見されることだろう。それらの驚きを互いに紹介し，楽しみ合うことによって，素晴しい自然との出会いが生み出されるにちがいない。

◎ナメクジの赤ちゃんってかわいい！

　校庭の隅にころがっていたかわらのかけらをそっとめくってみると，そこに透明できれいな卵が見つかった。しかし発見した時には何の卵かわからなかった。飼ってみたらわかるよということで，シャーレにぬれティッシュを敷き1週間ほど置いておいた。すると，ある子どもが「先生！ちっちゃなでんでん虫が出てきた！」といったので，みんなでよく見ると，殻をもっていない。そこでナメクジであることがわかった。
ハコベやレタスなどをやって飼うとナメクジがとてもかわいい動物になってしまった。その場での発見を継続的に生かせば，次なる発見が生まれてくるのである。

春－いのちが見えますか？

グラビア2頁参照

◎いのちを感じよう！

"春"の語源は"発ル・開ル・張ル"といわれているが、いのちが張りつめ、開き、発することである。いのちが燃え出る季節こそ春なのである。この時期こそ子ども達に思う存分生き物とふれ合わせ、からだ全体でいのちの息吹を感じ取らせたい。「おや、こんなところにこんな生き物が生きているんだな」と気づき、温かいやさしい気持ちでそっと見つめる。それだけで子ども達は確かに小さないのちを実感し、いのちと交流しているのだ。なぜなら、いのちといのちは共感し合うからである。子どもにとっていのちを感じるということは、大人が思うほど難しいことではない。目の前にいる生き物に対する知識（名前や習性）よりも、素直に驚ける心を持って望む方がいのちは感じ取れるものなのだ。子ども達が本来持っているその無邪気で純粋無垢な心に指導者は謙虚に学び、その心をさらに引き出し、互いに分かち合い、大きく伸ばしてあげる機会が自然とのふれ合いの場なのである。

◎そっと見続けると見えてくる！

春の自然の特徴は成長し変化していくところにある。今日と明日ではもう様子が変わっているというくらいに日々変化が激しい。その変化に気づき、いのちの発露を実感するには、続けて見守ることが大切である。子どもは虫でも花でも見つけるとすぐに採りたがる傾向が強く、なかなか見守ることができない。そこで指導・援助が必要となる。もちろん手に取ってこそからだで学ぶことも多いわけで、採ってはいけないというものではなく、そっと周りから見守り、見続けていこうと呼びかけることによって、継続的にものを見るという見方を学ばせたいのである。

校庭の片隅に芽生えた草木の芽は日に日に成長し、畑のネギはねぎ坊主をつけ、学校の近くの川原の景色もすっかり変わってしまうなど、見続けると見えてくるものがたくさんある。また、目の前のアリやテントウムシの動きなども、捕えてしまったらわからないが、そっと見ているとおもしろい動きや不思議なことをしている様子を見ることができ、新しい発見や驚きが生まれてくることにもなる。

◎生き物への接し方を学ばせよう！

ハチを見ると刺されるから逃げようというのではハチに対して失礼だ。ハチとてむやみやたらと刺すわけではない。相手の動きに応じて攻撃されると思ったら刺すかもしれないが、何もしない相手には絶対に刺すことはない。クマバチやミツバチが花の蜜を集めているのを見つけたら、そっと近づいて静かに観察する。すると、ハチは巧みな動きでせっせと蜜を集めている所を目の前でじっくり見せてくれる。声を出したり、棒や手を振り回したりしてハチをおどかすからいけないのである。チャンスを生かしてそのつど生き物への接し方を学ばせたい。

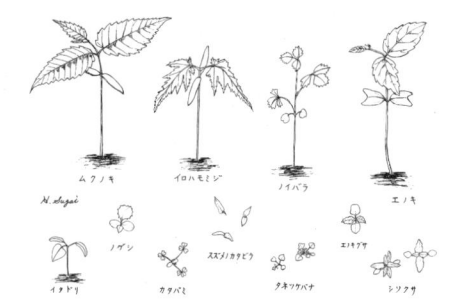

ちょっと気をつけて見てみると、校庭の片隅には様々な草木の芽生えを見ることができる。

夏－見すごさないで！この自然

グラビア3頁参照

◎見すごさないで！この自然

　私達が自然を見るとき，ついうっかりすると目立つきれいな花やチョウなどに気をとられてしまって，足元の小さな草や目立たない虫などは見逃してしまうことが多い。しかし，多くの生き物は私達の気づかない所で生まれ，成長している。ほんの少し気をつけて注意深く観察するだけで，うっかり見すごしていたいろいろな生き物たちの生きている姿に出会うことができる。様々な自然現象や生き物の生活の様子は四季折々変化するものだから，今この時期を見すごせば，また1年後ということになる。年に1度のチャンスであり，出会いである。

　例えば，カマキリの卵塊，秋や冬に子ども達が見つけてきて，春になったらカマキリの幼虫が出てくるかなといって置いていたが，すっかり忘れていて，気がついた時には教室にカマキリの幼虫がはい回っていたということがある。もうそろそろかなとビンに入れて毎日気をつけて観察していると，うまく行けば卵塊から幼虫が出てくるところが見られるかもしれない。

　また，ダンゴムシのメスに注目していると，腹にたくさんの幼虫をもっている個体に出会えることも多い。黒い紙の上に幼虫をばらまくと白いかわいい幼虫の動きがよくわかる。

◎しゃがんで見ると世界がかわる

　視線が高い位置にある時と低い位置にある時とでは見えるものが変わってくる。子ども達が自然の中で次々といろんなことを発見してくるのは視線が低いからでもある。しゃがめばもっと低くなり生き物達の生活が目の前に迫ってくる。その様子をそっと見守るように観察すれば，驚きや不思議を感じることが見えてくるもの。

◎旬を味わおう！

　自然は四季折々変化している。その時期ごとに最も味わい深い食物をいただくことを「旬を味わう」というが，自然とのふれ合いにも正に旬がある。その時期にしか出会えない自然というものがある。

　5月の初めの頃に愛鳥週間（バードウィーク）があるのも，この時期は野鳥の子育ての季節だからだ。芽木がぐんぐん成長するこの季節，それを食べて毛虫やその他の虫が成長し，それらをえさにして鳥のひなたちが育つのである。植物の成長と動物の生活は深くかかわっている。子ども達が野鳥のひなをよく拾ってくるのもこの時期に集中している。ここから自然の営みの一端をかいま見ることができるのである。

◎カラスノエンドウのたねの秘密

　さやが黒くなるとちょっと手で触れただけでもパチンとさやがねじれて中のたねがはじき飛ばされる。そのたねをよく見ると様々な模様がついていて，土の上に落ちてしまうと砂つぶと見分けがつかない。こうして鳥から身を守る？

カムフラージュのためのおしゃれな模様

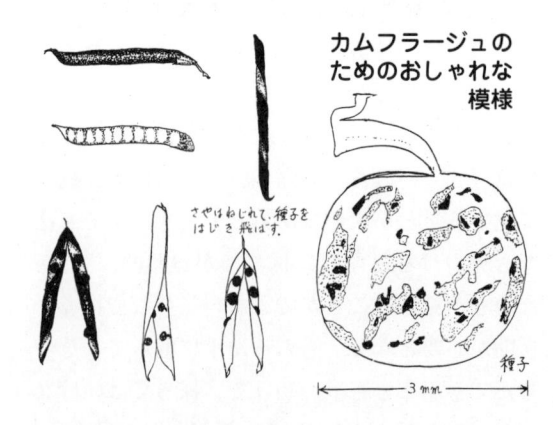

カラスノエンドウのたねはカムフラージュがうまい。これで鳥の餌にならずにすむらしい。

夏－雨の日も自然を楽しもう

グラビア4頁参照

◎雨の日にしか見られないものがある

　自然は千変万化し、その時々に実に様々な姿を示してくれる。そして見方や受け止め方ひとつで、美しくもおもしろくも不思議にも見えてくる。生活科における自然とのふれ合い活動は、自然を幅広く受け止めて多様な面を見つめ、豊かに感じ取る心を培うことがねらいであるといえる。

　雨の日は外に出るのがおっくうになるが、少々ぬれるのも覚悟を決めてしまえば意外に楽しいものである。雨に洗われた木々の緑は新鮮なさわやかさを感じさせてくれる。土や石の色もしっとりとぬれて晴れた日とは違って見える。耳を澄ませるとあちこちからいろいろな雨の音が聞こえてきて楽しい。校庭の池に目をやると、水面には次々と波紋ができては消えていく。雨音とともに何となくおどけたリズムを感じ楽しくなる。木の葉や鉄棒についた水滴をじっと見ると、小さな宝石のような輝きの中に自分の顔が映ったり、まわりの風景が映ったりして実におもしろい世界が体験できる。正に雨の日にしか味わえないおもしろさである。

　カタツムリやナメクジ・アマガエルなど雨の日に喜んで活動する小動物があるかと思えば、チョウやトンボのように雨を嫌って葉の裏で雨やどりする虫もいる。こうした動物の生活と雨との関係に目を向けるのも自然の一側面を体験することなのである。

　自然はいつ見ても、どんな場所であっても、見る目さえもって見れば必ず学ぶところがあり、驚きや美しさを感じるものである。こういうことを言葉ではなく体験的に学ぶことは、子どもにとって一生の宝となるであろう。自然はいつも私達にすべてを語ってくれているのである。

◎意外な発見が、自然とのふれ合いのおもしろさ

　チューリップの花を知らない人はいないが、チューリップの実やたねを見た人はあまりいない。同様に、ヒヤシンスの実やたねも見ることが少ない。普通は花が散ると球根に養分を蓄えるため、実となる部分をはさみで切ってしまうからだ。たまたま花壇の片隅に放置されたチューリップがあって、実ができているのを子どもが発見！でも発見した子どももチューリップの実とは思わなかったのでびっくり。意外なものとの出会いは印象深いものである。自然との様々な出会いのおもしろさはそこにある。

　発見とは出会いである。出会いとは自分の心に響き、感動や驚きを与えてくれるものをいう。自然の中には実に多くの出会いが用意されている。労を惜しまず野外に出て、注意深く自然を見つめてみることである。子ども達の目は純粋なので、出会うものがすべて新鮮で何らかの影響を与えてくれる。時にはミミズやナメクジをしっかりさわって気持ち悪いと感じるか、ぬるっとしていてなかなかおもしろいと思うか体験してみるのも出会いの一つだ。

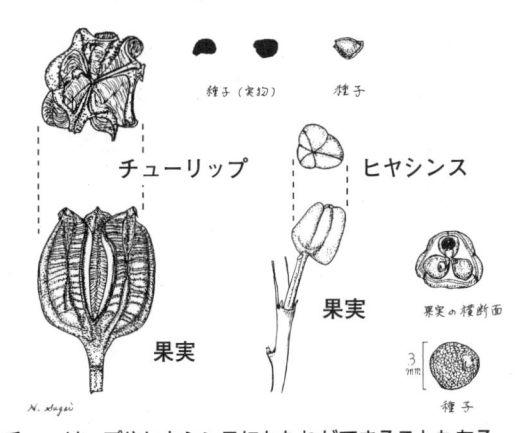

チューリップやヒヤシンスにもたねができることもある。

夏－自然との出会いを大切に！

◎自然との出会いはいつも一期一会

　「一期一会」の「一期」とは人が生まれてから死ぬまでの期間，一生涯のことで，つまり一生にただ一度の出会いという意味である。自然界は常に変化していて，同じ場所に一定の状態で存在していることはない。時間の流れとともにすべてのものは千変万化しているのがこの世界である。とすれば，小さな一輪の雑草の花との出会いも，その時間，その光線の具合，その花の開き方の程度，色合い（一つの花がつぼみから咲き終わるまでの間，花の色は微妙に変化している。）など様々な条件がその瞬間瞬間ですべて異なってくるわけだ。正に，その時，その場所での雑草の花との出会いは一期一会だと言うことができる。

　そう思うと，小さな自然と子ども達との出会い一つ一つが二度とないチャンスの連続なのである。その一つ一つがかけがえのない出会いそのものだったのだ。特に夏は一年中で生き物が最も活発に活動する季節であり，多様な生物との出会いが期待される時期である。その出会いの積み重ねによって子どもは自然の多様性を体得していくことになる。

　セミの羽化との出会いは感動的である。ヘビとの出会いはちょっぴり怖くて気持ち悪いが，ヘビも自然界の一員である。コウモリは飛んでいる姿はよく見ても近くでじっくり見る機会はごくまれだが，たまたま弱っているコウモリを子どもが体育館の中で発見した。意外にかわいい顔をしているので子ども達の興味を引いた。変なアマガエルといってつかまえられたのが，体色変化をしてカムフラージュしていたカエル。生き物との楽しい出会いはつきない。その一期一会の出会いが子ども達の自然観を養うのだ。

◎生きているから変化する

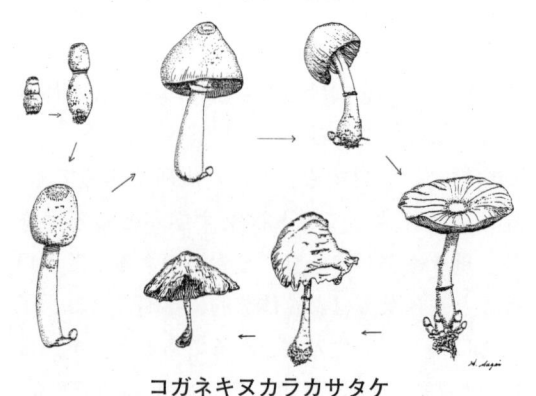

　地球が生まれて46億年といわれるが，その間地球はずいぶん変化してきている。できた当初は生物がいなかったにもかかわらず，現在では地球の至る所で生物が繁殖している。地球という星がこれほど変化してきているということは，地球が生きているからである。生きているものは変化する。これが自然界の法則である。1本のきのこも地上に出てからしぼみ枯れるまで刻々と変化し続けているのだ。きのこに限らず，私達を取り巻くあらゆる自然物は変化している。

　大地も，雲も，風も，雨も，石も，もちろんあらゆる生物も変化しながら生きている。生活科における自然とのふれ合い活動では，上記のような理屈を越えてなまの自然との直接的な対峙によって，いのちというもの，生きているということを実感していくことが極めて大切であると思う。自己認識を深めていくためにも，自然の中での生物の生きている姿に接することが是非とも重視されなければならない。他の多くの生物を見つめることは，それらを鏡として自分の生命を見つめることに直結しているのだ。

生きているから変化する

コガネキヌカラカサタケ

秋ー"きざし"を楽しむこころ

グラビア5頁参照

◎忘れていませんか。"きざし"の楽しみを

　季節感をより豊かに感じ取れる子どもこそ身近な自然を自分とのかかわりでとらえることができているといえる。季節感とは季節の微妙な変化やきざしをとらえる繊細な心である。子ども達の生活にはテレビ、ファミコン、マンガなどの強い刺激が氾濫している。そのために微妙で繊細な季節のきざしを感じ取ることが苦手な子が多い。"きざし"を感じることの楽しさを忘れている子ども達には身の回りの自然から一つ一つ具体的に季節の変化のきざしに目を向けていく活動を積み重ねていくことが是非とも求められる。空を見上げても、その青さ、雲の種類、吹く風のさわやかさなどに秋の気配を感じ取れる子、足元の雑草や花だんの花、樹木の変化から秋の訪れを知ることのできる子、虫や小動物の活動の様子から秋の深まりをとらえられる子、自分の身の回りの様々な自然から季節の変化の"きざし"を豊かに感じることのできる子ども達が一人でも増えることを願いたい。そのためには、指導者自身の感性がより一層磨かれなければならない。いやそこにかかっているといっても過言ではないように思う。

◎花は葉を見ず、葉は花を見ず

　ヒガンバナの葉はどれ？と聞かれて初めて葉がないことに気づく人も多い。花茎が土からいきなり伸び出し、頂きに大きな花をつける。葉は1枚もついていない。花が咲き終って枯れ始めると、地中から一斉に葉が出てくる。そして冬に茂った葉は夏までには姿を消す。花が咲いても実やたねはまったくつけず、もっぱら球根で増える。そんな変わりもののヒガンバナの姿も、見続けてこそ見えてくるものなのである。

◎セミはいつまで鳴き続けるか？

　夏も終わりに近づきセミの声にも勢いがなくなってくると、いつのまにかコオロギの声しか聞こえなくなってしまう。そこで少し意識して、クマゼミやアブラゼミ、ツクツクボウシなどのセミは、いつ頃まで鳴き続けるのだろうと問いかけておくと、今日もまだ鳴いていたよ。今日は一度も聞いていないよなどとセミの生活に思いが向けられるようになる。

　また、死んだセミにアリが群がっている様子などにもしっかりと目を向け、自然界の営みの一端を感じ取らせたい。これらの変化も冬へのきざしとしてとらえさせたい。

◎見る見る大きくなるどんぐり

　10月下旬から11月になるとほとんどのどんぐりが落ちるが、9月初めにそのどんぐりの様子を少しでも見させておきたい。まだ緑色の小さなどんくりが、わずか2か月足らずで大きく成長し、色も茶色に変化してくるのである。クリもカキも少し前から時々見ておいて、緑色の実が熟して色づいてくる変化を楽しみたい。

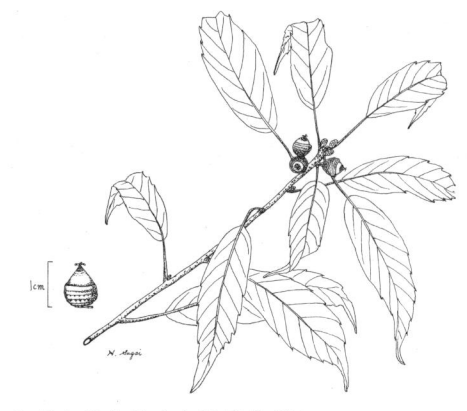

まだまだ大きくなりそうだ！
（9月中旬頃のアラカシのどんぐり）

秋－自然の美しさをもっと感じよう！ グラビア6頁参照

◎"美を感じる心"を育てる

この世界の中に万人が認める美というもの，客観的な存在としての美というものがあるだろうか？もし客観的存在としての美があるならば，ネコもそれを見て感動するであろう。たとえ虫くいの葉っぱ1枚でも，小石1個でもそこに限りない美しさを見い出すことができるのである。それは見る人の心の問題なのである。

> 美しいものを美しいと感じる
> あなたの心が美しい　　　　（相田みつを）

美しい心が美しいものを認識し得るのである。身近な自然の美しさを見い出すということは，それを見る子ども達の心を耕すことであり，子ども達に美しい心を育むということなのである。

秋の自然は美しさでいっぱいだ。モミジやサクラの紅葉，イチョウの黄葉も美しい。赤い実や青い実，黒い実それぞれに美しい。しかし，多くの人々が印象に残す美しさに留らず，子どもには子どもらしい美の発見を期待したいものだ。1枚のカキの葉の上に見られる斑点がきれいだと感じた子。ジョロウグモの腹のしま模様の美しさを発見した子。腐った木の枝に付いていたヒイロタケというきのこの赤さに感動した子。一人ひとりそれぞれの美しさを感じ，それらを互いに共感し合う楽しさは格別だ。

> 花をのみ待つらん人に山里の
> 雪間の草の春を見せばや　　（藤原家隆）

春はまだかと華やかな桜の春ばかり待ち望んでいる人々に，山里の雪間からこっそり芽を出した野の草から感じる春を見せたいものだ。とでも訳せばいいのだろうか，訳はともかくとしてこの歌の心を一人でも多くの子ども達に育てていきたいと願う。秋の自然に美を発見することは，即ち私の心に美を発見することである。

◎子どもとともに考えよう！

〈クモの巣にかかったチョウをどうしよう？〉

秋はジョロウグモなどのクモの巣が目立ち，チョウやガ，トンボ，バッタなどが引っかかっている場面によく出会う。この時がチャンス。子ども達に問いかけてみよう「クモの巣にかかったチョウをどうする？」…（かわいそうだからクモの巣からはずして逃がしてあげる）という子が多いが，中には（長い間待ってやっと引っかかったえさなのに取ったらクモがかわいそうだ）という子もいる。さて，どうしよう！これは生物は互いに深く関わって生きていること，つまり他の生物のいのちをいただいて生きていることに改めて目を向ける絶好のチャンスである。一つのいのちは他の多くのいのちによって支えられていることが実感できる。

〈どんぐりは，どっち向きに植えようか？〉

どんぐりで遊ぶだけに終わらず，どんぐりも一つのいのちであることにも目を向け，植えて育てる活動を是非とも取り入れたい。そこでどの向きに植えるのが良いのか考えてみよう。初めに出てくるのは芽でなく根だ。これがヒント。

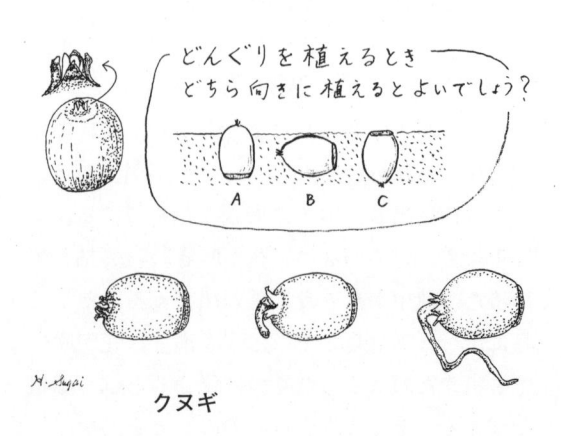

クヌギ

秋－自然のリズムに心を合わせよう　グラビア7頁参照

◎静かに味わう秋

　生活科で秋の活動といえば"収穫祭"や"焼きいも大会""どんぐりなど木の実を使ったおもちゃ大会"というような動的な活動が主流を占めている。低学年児童の特性からして当然ではあるが、もう一方で見過ごしてはならないのは、人間としての健全な成長を考え、真の主体性を育てていくには静的な活動も是非とも必要だということである。静があってこそ動が生きるのである。

　秋という季節は「動」から「静」への移り行く季節であり、徒然草に「もののあはれは秋こそまされ」とあるようにしみじみとした情趣は秋にこそ味わえるものであろう。また日本文化の根幹を成す「わび・さび」も秋の季節と深く結びついている。千利休が「わびとは何か」の問いに対して常に定家のこの歌を示して答えたと伝えられている。

> 見わたせば花も紅葉もなかりけり
> 　　浦の苫屋(とまや)の秋の夕ぐれ

　「わび」とは「しぶみ、地味、さび、閑寂」といった言葉で表現しうるところの情趣であるがこれは一人ひとりが体得する以外に言葉で表現してわかるものではない。

　1年生や2年生に「もののあはれ」や「わびさび」がわかるかという論議はあろう。しかし生活科の活動においても静かに秋の校庭や公園の情景を味わう時間は是非とも取り入れたいと思う。私は自然の教育力によって1・2年生は1・2年生なりに必ず感じるところがあり、自然のまた違った面を味わうことができるものと思う。「もののあはれ」や「わび」を解する心はこうした体験の積み重ねによってこそ徐々に芽生えてくるものではないだろうか。

◎自然のリズムはゆったり流れている

　自然に親しみ、自然を観察することで不思議に思ったりおもしろさを味わったりする一方で、自然のリズムをからだで感じ取ることが大事である。子どもの生活は忙しく落ち着きに欠け、リズムが速い。これは子どもに限らず現代人の特徴でもある。ところが自然はもっとゆったりとゆっくりしたリズムで変化し動いている。自然のリズムに心を合わせることで生活に落ち着きを取りもどし、心の安定が得られるのである。

　こんな活動をすると自然のリズムが感じ取れるのではないだろうか。

- 風で落ち葉が散る音に耳を傾けよう。
- 積もった落ち葉を踏んで歩く音を楽しもう。
- 葉を落として裸になった木々を眺めよう。
- 小鳥が木の実をついばむ様子を観察しよう。
- 秋風のさわやかさをはだで感じよう。
- さわやかに澄んだ秋の空を眺めよう。
- 虫たちが眠りについた様子を観察しよう。

　21世紀を生きる子ども達にとって、自然のリズムに心を合わせて生きることができるかどうかが最大の課題となる。

ヒマラヤスギのまつぼっくりを使って子どもが考えた遊び

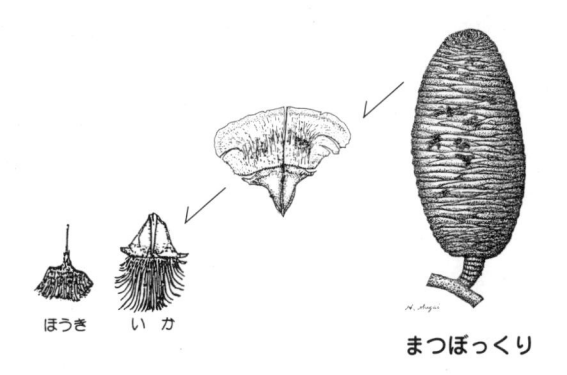

ほうき　いカ　まつぼっくり

冬－寒さに耐えて生きていく姿に感動を！

グラビア8頁参照

◎耐え忍ぶ姿は感動そのもの

現代の子ども達は歯を食いしばって耐え忍ぶという体験はあまりないように思われる。物質的にも精神的にも「がまんする」ということが少なくなっている。真に自立し，主体性のある生き方をしていくには「がまんすること，耐え忍ぶこと」つまり自制心が是非とも必要となる。

「伸びんとするものは屈す」という言葉があるが，大きく伸び上がるには一度身をかがめからだを屈して力をためるのである。冬という季節は自然が静まり返り，春の成長に向けてぐっと力をため込んでいる時なのである。

草木や虫・小動物も厳しい寒さにじっと耐えながら生きているのが冬である。そのたくましい姿に接することによって，耐え忍ぶことの意味はおのずから体得していくことができる。もちろんそのことを言葉でまとめ概念化する必要は全くない。子ども一人ひとりが自分なりに感じ，受け止めればいいことである。この目立たない冬の姿を見つめておくことで，来春のはつらつとした生命のいとなみがより一層新鮮に感動をもって受け止めることができるであろう。

多くの生物たちの寒さに耐え忍ぶ姿に気づかせ出会わせるには多少の導入が必要となる。例えば，葉をすっかり落とした木の枝先にも冬芽（名前を教える必要はない）がついていて枯れたのではなく生きていることに気づかせたり，石をそっと持ち上げると，その下には小動物たちが越冬している姿が見られることなど，手立てや見る視点・ポイントを示すのである。

サクラの木の割れ目にヨコヅナサシガメが群れて越冬しているのを発見した子どもが「すごいなあ！集まると暖かいのかなあ？」と小さな感動と驚きを示していたのが印象的であった。

◎見えにくい生命のいとなみに目を向ける

一年草はたねで冬を越すが，越年草は秋に芽生えて少し成長した状態で冬越ししている。冬は草がみんな枯れていると思いがちだが，ハコベやスズメノカタビラ・カラスノエンドウ・イヌムギなどの越年草はしっかり葉を茂らせている。特にハコベやスズメノカタビラなどは冬の日だまりで花を咲かせていることがよくある。また，セイヨウタンポポも短い花茎に花をつけているのがしばしば見られる。このようにうっかりすると見落としてしまいそうな生命のいとなみにも是非とも目を向けたいものだ。

◎着ている服がそれぞれに違うミノムシ

ミノムシは付いている木によって着ている服（みのに使う葉が異なる）がそれぞれに違っている。同じ木のミノムシも少しずつ付けているものが違っているのが実におもしろい。ミノムシもよく見るとオオミノガ，チャミノガなど数種類が見られるが，種類にこだわることなく，着ている服のおもしろさを存分に味わわせ，生きている姿の多様性に気づかせたい。

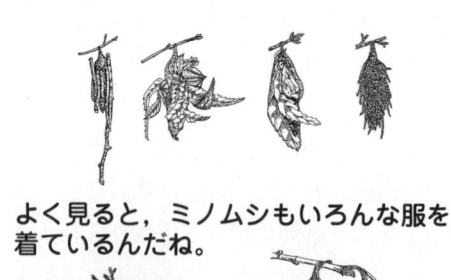

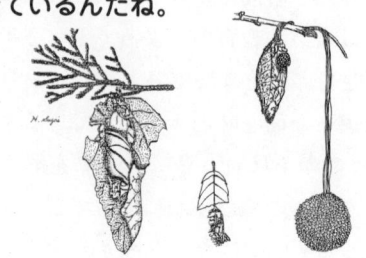

よく見ると，ミノムシもいろんな服を着ているんだね。

冬－あたり前の深さに驚きを感じよう！

◎あたり前の中に深い世界を見る

　私達は自然の中にどっぷりと浸って生活している。だから全てはあたり前になっている。空気があるのがあたり前，一瞬一瞬呼吸するのもあたり前，太陽が毎朝出て夕方沈み，昼と夜が繰り返し来るのもあたり前。空が青いのはあたり前。草木の葉が緑色をしているのもあたり前。アリが地をはいチョウが飛ぶのもあたり前。木が地面から生えていることもあたり前。

　しかしこのあたり前の自然をふと立ち止まって静かに見つめる時，そのあたり前の物や事が実に不思議に思えてくる。子ども達はよく「なぜ？どうして？」と聞きたがる。「なぜクリにいががあるの？」「どうしてチョウの羽にきれいな模様があるの？」このなぜ？の中にあたり前の自然の深さに気づき，それを探っていくカギが含まれている。大人は「なぜ？」と思い感じる心を失いつつあるが，子ども達はあたり前の自然に驚きや不思議を感じ，その奥に何か深い世界が広がっていることを予感している。生活科では身近な自然とのふれ合いにおいて「あたり前の自然の深さ」をじっくり感じ取るような体験的活動や投げかけをしていきたい。

> 花は無心にして蝶を招き
> 　　蝶は無心にして花を尋ぬ
> 花開く時　蝶来り
> 　　蝶来る時　花開く　　　　（良寛）

　この世界が無心に感じられ，それでいて如何にも不思議でおもしろい，そして実に調和のとれた美しい世界であることを認識できたならば，あたり前の深さに感動せずにはおれなくなるだろう。生活科は自分とのかかわりの中で自然をまるごと感じ，とらえていくことを学ぶ場でありたい。

◎自然との一体感を深めよう

　自然の中にとけ込み，自然とふれ合うことが楽しくておもしろくて時間を忘れてしまう，そんな気持ちが養われてくると自然との一体感はおのずから増すものである。一体感を深めていく意義は，自分自身も自然そのものであることを頭ではなくからだで実感することである。自然とのふれ合いの楽しみや一体感を自分のものにした子どもは一生の宝を得たのである。

◎ポプラが落とした小枝に星発見！

　秋の終わり頃になるとポプラは黄葉した葉と共にたくさんの小枝を落とす。その小枝は1～2月ともなると乾燥している。それを拾って節の所（小枝の中でも節がたくさん入っている部分）でボキッと折ると，なんと中から美しい星形が出てくる（下図）。何ということのないただの小枝になぜこんな美しい星形が現れるのだろうか。正に自然の造形美そのものである。子ども達にそれを教えてあげると宝物のようにしてポプラの小枝を持って帰った。自然美との出会いは子ども達にとって感動的だったようだ。

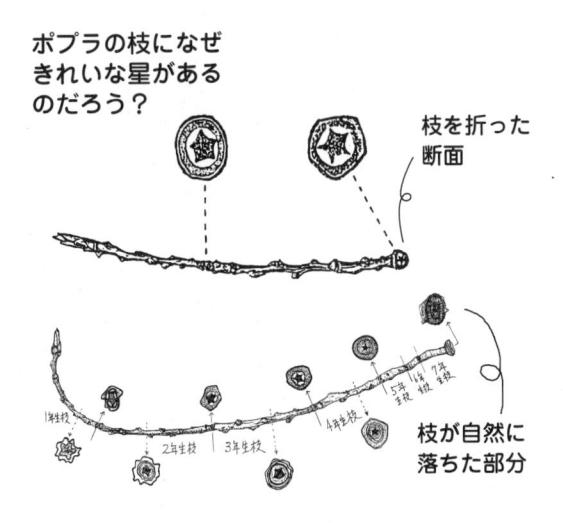

ポプラの枝になぜきれいな星があるのだろう？

枝を折った断面

枝が自然に落ちた部分

自然の見方 クイズで学ぶ自然の見方

4月の観察クイズ

① ジンチョウゲの枝の分かれめにあるぶつぶつは何でしょうか？

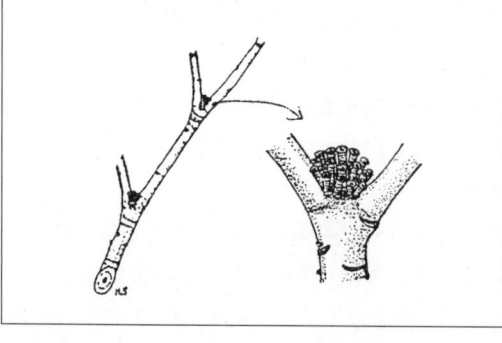

花がついていたあと

枝の先端に花が集まって付くのが特徴。花が散るとその腋芽が伸びて新しい枝となっていく。これを繰り返すので何年の枝かが読みとれる。

② サクラの冬芽には葉芽と花芽があります。1つの花芽から花がいくつ咲くでしょうか？

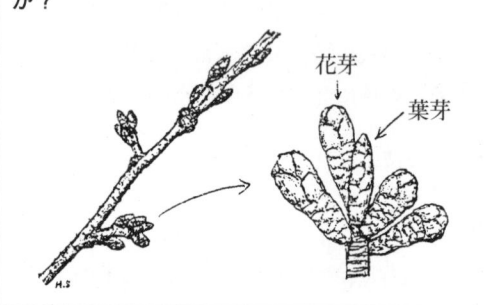

3～5個

花芽というと1個の花が入っていると思いがちだが複数の花を包んでいる。葉芽も同じく1枚の葉ではなく小枝と数枚の葉を含んでいる。

③ スイセンの花はなぜ同じ方向を向いて咲くのでしょうか？球根の植え方と関係あるでしょうか？

日光の方向に花が向く

ヒマワリのように花は日光の方向を向く性質（向日性）があるので，球根の植え方に関係なく多くの花が同じ方向を向いて咲くことになる。

④ ハコベの茎にはよく見ると細かい毛が生えています。さて，どんな生え方をしているでしょうか？

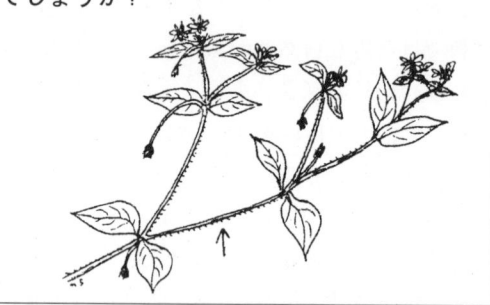

茎の片側だけに1列に並んで毛が生える。

その毛の生える方向が，節ごとに90度ずつずれているのが不思議。こんな毛の生え方をするとハコベにとって何かいいことがあるのかな。

⑤ バラの新芽などにつくアリマキ（アブラムシ）は，どのような向きについているでしょうか？

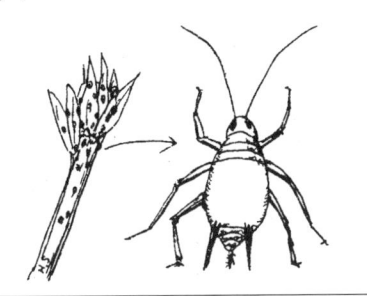

頭を下に向けてついている。
　なぜそうしているのかを考えてみたい。草木の汁を吸うのにその方が都合がいいのかも知れないとも考えられるがわからない。

⑦ タンポポの綿毛を吹いてたねを飛ばしたことがあるね。さて１つの花には何個のたねがついているでしょう？

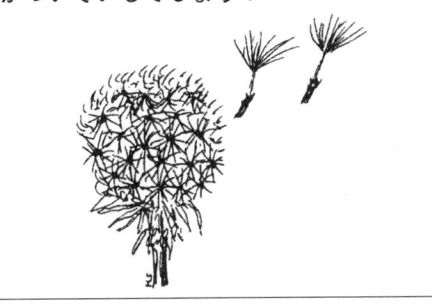

１個（頭花１つでは，180個くらい）
　タンポポの花は頭花と呼ばれ，ヒマワリと同じでたくさんの花が集まってできている。花びらと見えるものが１つの花で１個のたねをつける。

⑥ スズメの雄と雌を見分ける方法はあるのでしょうか？

雌雄同色なので見分けがつかない。
　春，繁殖期には，交尾の際上にいるのが雄で下が雌。また胸や腹に羽毛がない（抱卵斑という）のが雌。普通に見ただけでは分からない。

⑧ タンポポの花にはどんな虫がおとずれるのでしょう。そして何をしているのでしょう？

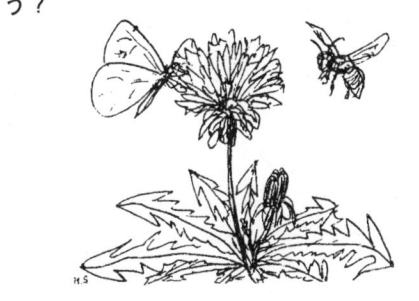

　アブ，ハチ，チョウ，ガ，甲虫など30種類以上の様々な虫が訪れ，蜜を吸ったり，花粉を食べたり，花や葉を食べたりと様々な活動をする。タンポポ１つでも多くの虫と関係している。

5月の観察クイズ

① サクラの葉の柄のところについているイボのようなものは何でしょう？

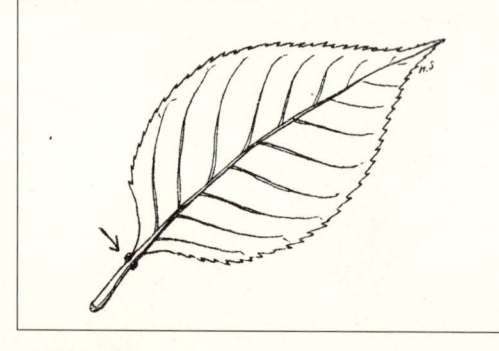

花外蜜腺という。
　ふつう蜜腺というと花の中にあるが、花以外のところにあるものを花外蜜腺という。ここから蜜を出しアリを集めて毛虫などのサクラに害を及ぼす虫をアリに追っぱらってもらうらしい。

③ 名前の由来を考えてみましょう。どうしてこういう名前がついているのでしょう？

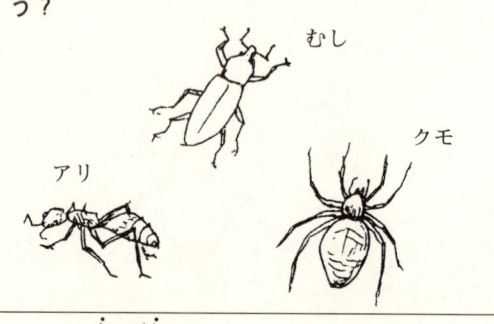

むし→六つ脚(昆虫はあしが6本)だから、
　　むつあしからむしとなった。)
アリ→集つまり(あつまり)から名づけられた。
クモ→巣組み守りからくもとなった。

② スギナの葉と茎。いったいどれが葉でどれが茎なのでしょう？

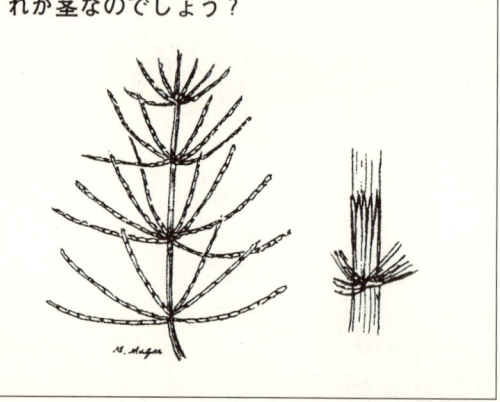

　一見葉のように見える部分はすべて茎。茎と茎をつなぐ部分のふつうはかまとよんでいるギザギザの部分が葉の退化したものだ。(図右)

④ この図はよく知られている草です。さて何でしょう？

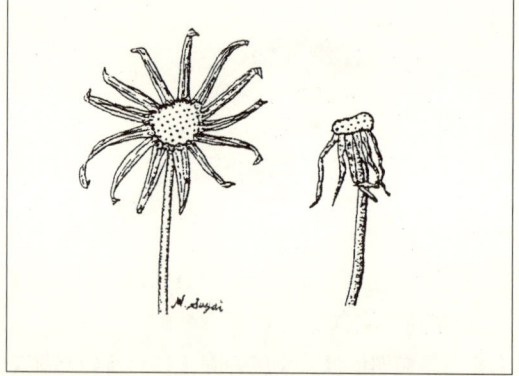

タンポポ(カンサイタンポポ)の花のあと
　綿毛が飛んだあとの頭花の部分。たね(正確には果実)がついていたあとがよくわかる。並び方や数を調べてみるとおもしろい。

第3章 ● 自然観察の方法とその視点を考える

⑤ サクラの葉についているこのふくらみはいったい何でしょう？

虫こぶ(中にアリマキがいた)

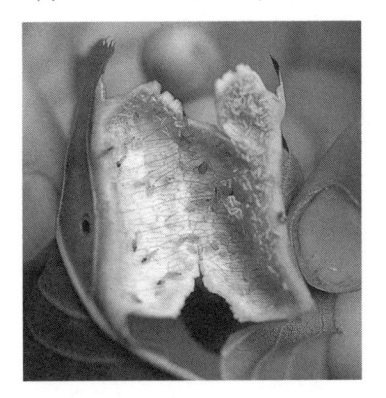

⑦ カラスノエンドウの葉1枚は，どの部分でしょうか？

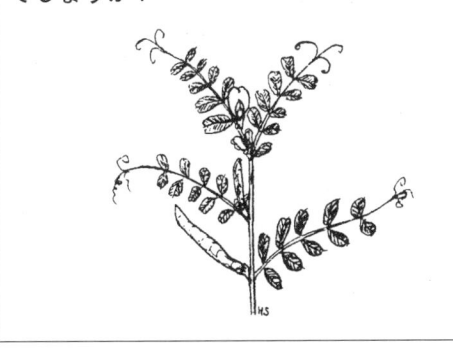

複葉という葉で，小さな部分は小葉と呼ばれる。先端のつるの部分も葉が変化したものである。

巻きひげ
小葉
1枚の葉

⑥ 5月はバードウィーク，野鳥たちが卵を産んでひなを育てる季節です。下の表はどの鳥の子育てでしょう？

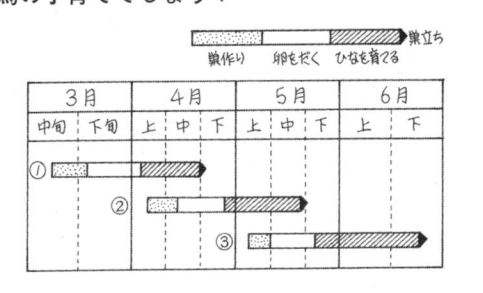

①スズメ ②ツバメ ③ヒヨドリ
種類により繁殖期が異なる。

⑧ ヒヤシンスの花が終わったあとにも実やたねができるのでしょうか？

たねができる。

ヒヤシンス
果実の上面
果実の横断面
果実の下面
種子

6月の観察クイズ

① シロツメクサ（クローバー）の双葉は図のような形をしています。この次に出てくる本葉はどんな形をしているでしょうか？

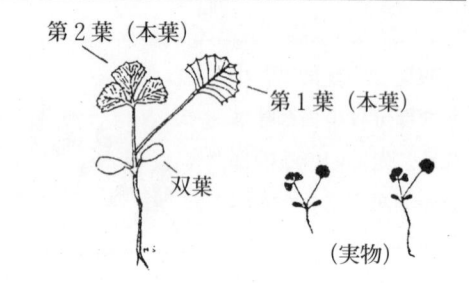

第2葉（本葉）
第1葉（本葉）
双葉
（実物）

② シロツメクサの葉を切って水にさしておいてもさし木のように根が出てくるのでしょうか？

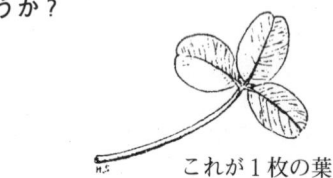

これが1枚の葉

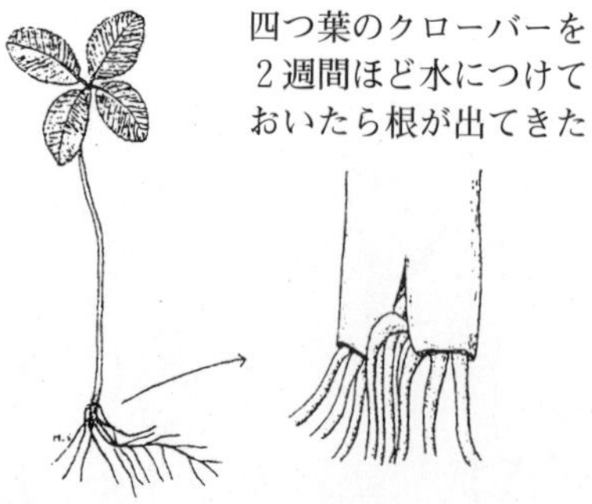

四つ葉のクローバーを2週間ほど水につけておいたら根が出てきた

③ 雨降りのあとに，写真のように，ミミズが地上へ出てきて死んでいるのをよく見かけます。さて，どうしてでしょうか？

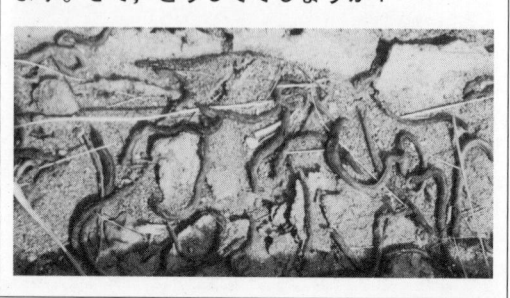

ミミズの穴に雨水が入り込んだため外に出てきて，太陽の紫外線に当たって麻痺状態になったから。またダーウィンは「ミミズと土」の中ですでに病気にかかっていたミミズが水びたしになることで彼らの死が早められたと言う。

④ カキの木の下を見ると，まだ緑色をした図のような未熟で小さい実が多数落ちていることがあります。さてどうしてでしょうか？

裏面

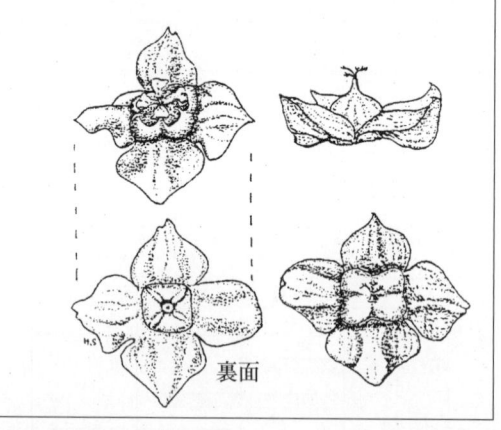

自然摘果によって落下したもの。自然の調整力が働き，実を多くつけ過ぎないように適度な量だけ残して，あとは落としてしまうのである。

⑤ クリの木に花が咲いています。さて、どの部分がクリの実になるのでしょうか？

下図の雌花が実になる。

↑雄花
↑雌花（雄花ばかりの房もある）

⑥ 写真はカラスの巣です。カラスはこの巣をどの部分から作ったのでしょうか？

外側から作る。
枝を組み合わせて外壁を作り、その内側に少しずつ細かい枝や木の皮、葉などを重ねていく。真ん中はベッドのようにやわらかくなっている。

⑦ ヘビは脱皮をして成長していきます。さて、ヘビには手も足もないのに、どうして皮を脱ぐことができるのでしょうか？

写真のような穴や草むらの草、石などに皮をひっかけて脱皮している。ヘビのぬけがらを見かけた時は、どのような状態か観察しよう。脱皮は長いくつ下を裏がえしに脱いだ状態である。

⑧ ウメ、モモ、チェリー、スモモなどの実には必ず1本の溝があります。どうしてしょうか？

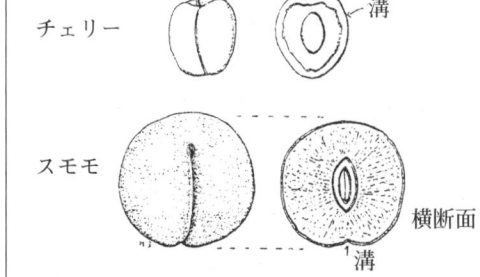

チェリー　溝
スモモ　　横断面　溝

枝から実へ入る維管束がその溝側にあることが原因のようだが（上図参考）、なぜ、これらの実だけに溝が残っているのかは不明。このようになぜかわからないことは自然界には多い。

7月の観察クイズ

① この草の葉には、不思議なもようがついています。このもようの正体は？

　この模様は、ハモグリバエの仲間の幼虫が葉肉の部分をトンネルを掘るように食った痕。葉の裏から見ると模様はなく、葉に穴をあける毛虫のような食べ方とはまるで異なる。クスノキ、ノゲシなどいろいろな植物の葉につく。

③ いもむしはチョウになり、毛虫はガになるといいますが、本当にそうでしょうか？

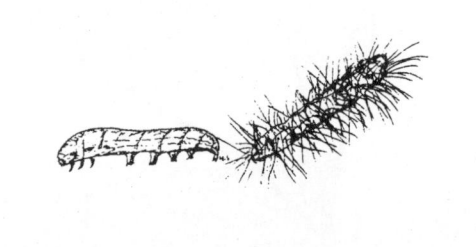

　正確には微毛と長毛をもつ幼虫がいてまったく毛のない幼虫はいない。ガの中にも微毛の幼虫はたくさんいるし、チョウの中にも長毛をもつ幼虫もいるので、毛虫＝ガとは言えない。

② アジサイの花をよく見ると、2種類の形のちがった花が見られます。右の図の花と、さてもう一つの花は？

　花のかたまりの中に小さな花が咲いている。周辺の花は飾り花とよばれ、花びらに見えるものはがく。

④ たねは土に植えないと発芽しないのでしょうか。実の中でたねが発芽してしまうことなどはありえないことでしょうか。

　カボチャ（写真）やピーマンの中のたねはたまに発芽しているものがある。

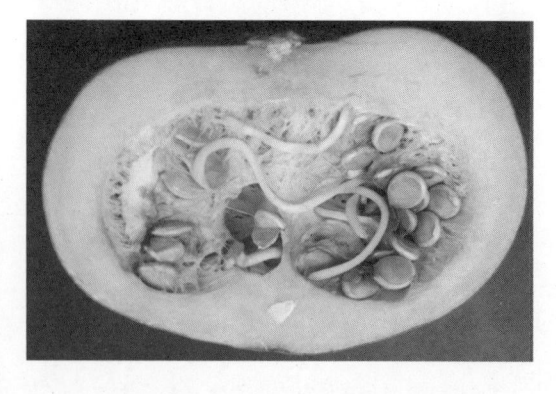

⑤ 山菜のゼンマイは芽が伸び始めた頃のものですが、葉が完全に広がってしまえばどんな形の葉になるのでしょうか？

ゼンマイ

⑦ 公園の地面で、ふしぎなドーナツ状の模様を見つけました。これは何でしょう？

この模様はアリが巣から運び出した土である。表面の土の色とは違った色の土が地面の下の方で広がっているらしい。

⑥ タコやイカのあしには吸盤がついていますね。さて、どんなつき方をしているのでしょうか。

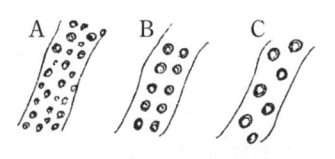

A　B　C

タコもイカも吸盤は2列に並び、しかも相互にずれてついている。（正解は図C）

⑧ さし木をすると、根が出るところは必ず枝の先端の切り口のところである。というのは本当でしょうか？

さし木すると根源体という不定根の発生する部分が発根するが必ずしも切り口とは限らない。

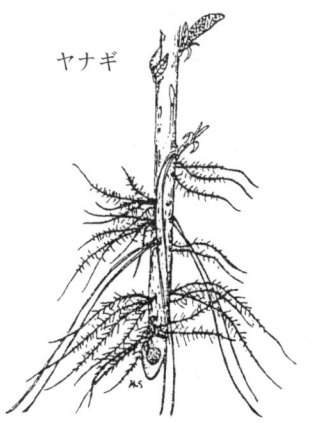

ヤナギ

8月の観察クイズ

① 雄が白で，雌が茶色のウサギのつがいが，10匹の子どもを産みました。子どもは，どんな色をしているでしょう？

雄 ↓　　　雌 ↓

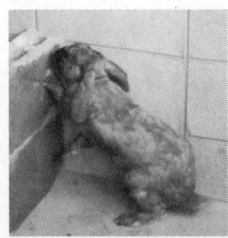

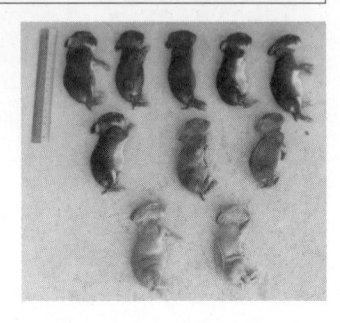

正解は写真。遺伝の勉強というよりも，生物は両親から様々な形質を受け継ぐものであることを認識させたい。

② ネギの葉の表と裏はどこでしょう？

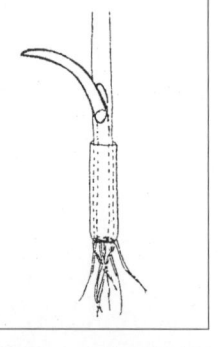

見えている部分はすべて裏側。ネギの葉は円柱形になっていて葉の表側を内側にして完全に巻き込んでしまっているので，葉の表側はすべて内側にあることになる。

③ セミは雄しか鳴かないので成虫では鳴きぶくろの有無ですぐに区別できます。では，ぬけがらで雄雌の区別をするにはどこを見ればよいでしょう？

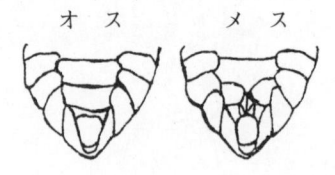

オス　　メス

④ ミズヒキという野草は，葉におもしろいもようがあります。葉をまん中で折り曲げてその間に筆をはさんで墨をふきとったようなので，「弘法の筆ふき」という俗名もあります。なぜこんなもようがついているのでしょう？

身近なものでは，シロツメクサにもよく似た模様が入っているものがある。これらの模様が何のためにあるのかはよくわかっていない。自然界には理解し難い，説明のつきにくいことがごく身近にたくさんあるものである。

第3章 ● 自然観察の方法とその視点を考える

⑤ これはカンナの葉です。どうしてこんな穴のあき方をしているのでしょうか？

写真のようにカンナの葉は初め紙を巻いたような状態になっている。この時に虫がある方向からまっすぐに食い入って穴をあけ、その後葉が展開すると上の写真のようになる。

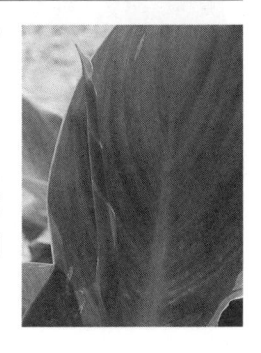

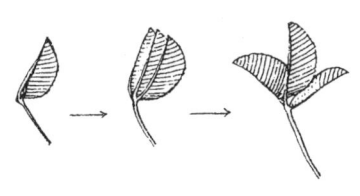

⑦ カタツムリの雄と雌はどのようにして見分けることができますか？また、カタツムリの成長の仕方は、下のA、Bどちらでしょう。

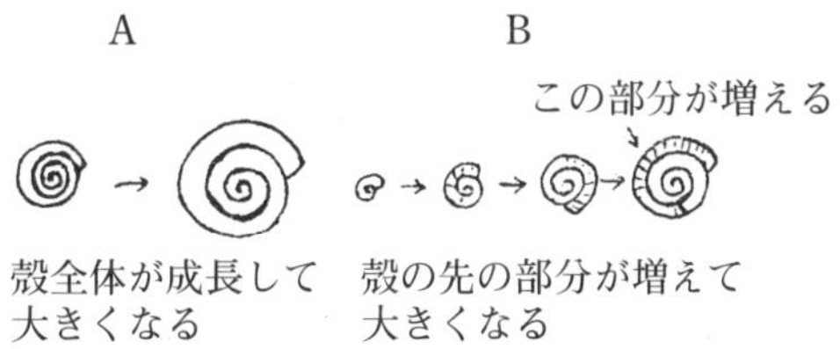

A　　　　　B
　　　　　　　　　この部分が増える
殻全体が成長して　殻の先の部分が増えて
大きくなる　　　　大きくなる

カタツムリは雌雄が同体であるが一匹では卵は産まない。
　Bが正解。
　成長脈をつくりながら、殻を大きくしていき、成長し切ったものは、殻の口の部分がそりかえっている。 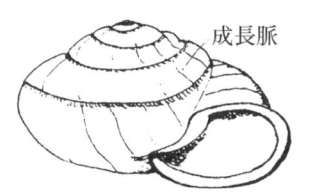

成長脈

⑥ おもしろいクローバーの葉をみつけました。どうしてこんな形になったのでしょうか？

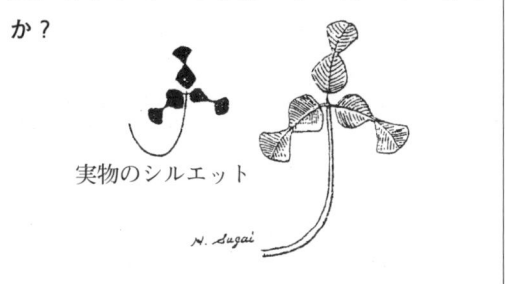

実物のシルエット

N. Sugai

右図のように初め3枚の小葉が折りたたまれていたため。カンナと同様。

⑧ 真夏にも花を咲かせている木があります。どのような木があるか校庭や公園などで気をつけて観察してみましょう。
その中にサルスベリ（百日紅）があります。その花の花びら1枚はどんな形をしていますか。

キョウチクトウ、ネムノキなど

サルスベリの花弁

9月の観察クイズ

① ナメクジは，どこで呼吸しているのでしょうか。また，ナメクジの目は，図のどれでしょうか。

〈ナメクジの目はどれ？〉

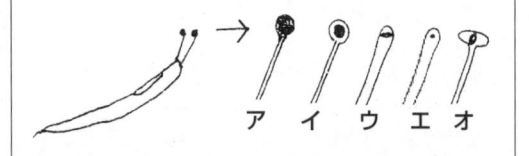

ア　イ　ウ　エ　オ

ナメクジは体の右側に呼吸孔をもっている。よく見ているとこの部分が開いたり，閉じたりする。目は**エ**が正解。

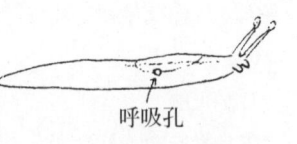

呼吸孔

② ツユクサのコバルト色の花は美しいものです。花が咲いたあと，ツユクサには，どんなたねができるのでしょうか。

〈ツユクサのたねはどれ？〉

ア　イ　ウ　エ　オ　カ

正解は**エ**

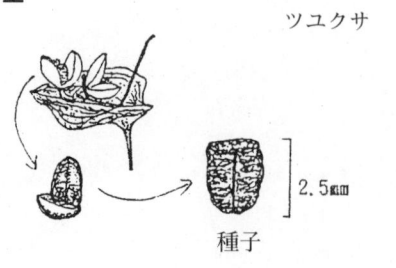

ツユクサ

種子　2.5mm

③ 毛虫には，春に発生するもの，夏から秋に発生するもの，春と秋の2回発生するものがあります。写真のように大発生して毛虫が集まっていることがあるのはなぜでしょうか。卵の産み方と関係づけて考えてみましょう。

一般的にチョウは卵を一つ一つ分けて産むが，ガは一ヶ所にかためて産むので，多数の幼虫が集まっていることがある。

④ 植物の体の中で，いちばん堅い部分はどこでしょうか。

花粉が一番堅く，化石としても原形をとどめたままで発見され，花粉分析に使われている。

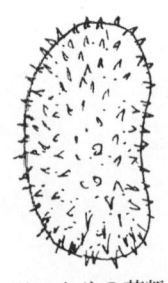

ツユクサの花粉 　　タンポポの花粉

⑤ 「木の上で鳴く虫は、日本ではセミ以外にはいない」というのは本当でしょうか。

　写真のアオマツムシは街路樹などに多く、コオロギの仲間のカネタタキなども庭木や公園の木などでよく聞くことができる。鳴き声を示すと、
アオマツムシ…フィリリリリ…と連続する。
カネタタキ……チン、チン、チン、と連続する。

⑥ 葉脈というのは、水の通り道（道管）でもあり、養分の通り道（師管）でもあります。いわば人間の血管のようなものですが、葉脈の先端は一つの輪のようにつながっているのでしょうか。それとも切れているのでしょうか。

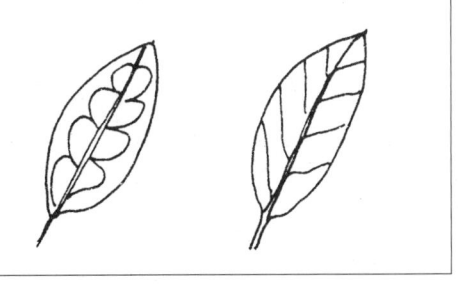

　樹種によって異なり、サクラは側脈が輪になってつながっているが、クヌギやケヤキは、離れたままで葉の先端に達している。どんな木がどちらかを調べてみるとおもしろい。

⑦ 写真は、枯れ木にカワラタケというキノコが生えている様子です。
　さて、木が腐るからキノコが生えるのでしょうか。それとも、キノコが生えるから木が腐るのでしょうか。

　キノコは、木材を腐らせる役割を持っている。木が枯れてキノコがつくことによって、木を構成している複雑な有機物を分解する。また一方、生きている立ち木に侵入して材を腐らせるものもある。この場合は、木にとっては一種の病気であり木材腐朽病といわれる。つまり、木が枯れてキノコがついて木が腐っていく場合（これが一般的に多い）と、生きている木にキノコが侵入して材の部分を腐らせていく場合とがある。

⑧ カラスのふんはどんな色をしているでしょうか？

　鳥のふんは、便と尿が混じり合ったもので水分が多く、尿酸によって白っぽくなっている。カラスも例外ではない。

10月の観察クイズ

① 秋はマツタケに代表されるように、キノコの季節です。毒キノコを見分ける方法の一つに、キノコの柄の部分が縦にきれいに裂けるものには、毒がないというのは本当でしょうか。

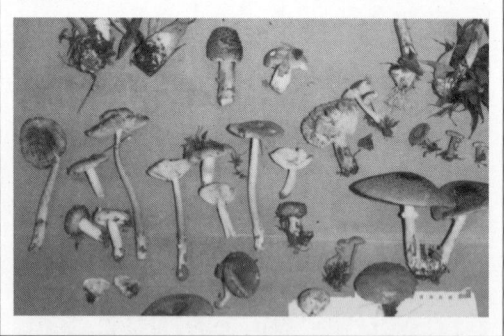

柄の部分が縦に裂けるから毒きのこではないという保証はまったくない。原色に近いきつい色だから毒キノコだというのも当たらない。つまり毒キノコを見分ける簡単な方法というものはない。一つ一つ見分けて覚えるしかなく、疑しいものは絶対に食べないことが大切。

② 季節の樹木を表す漢字で、
　椿は　ツバキ、　榎は　エノキ
　柊は　ヒイラギ
と読みますが、「楸」という字はあるでしょうか。あればどんな樹木を表しているのでしょうか。

楸…キササゲと読む。
ノウゼンカズラ科の落葉高木で秋にささげのような長い豆果(左図)ができるのでこの名がついた。

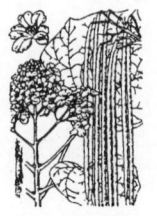

キササゲ(楸)

③ コオロギの仲間では日本で一番大きいエンマコオロギについて、次の三つのうちどれが正しいでしょうか。
ア　オスが鳴くのはメスを呼ぶためだけである。
イ　交尾する時はメスの上にオスがのる。
ウ　耳は前足についている。

正解はウ　　　ウ　前足にある耳
アについて、鳴く意味は、テリトリーソング(なわばりを他のオスに告げる)とラブソング(メスを呼ぶため)とがある。
イ　羽を広げて鳴いているオスの上にメスがのって交尾する。

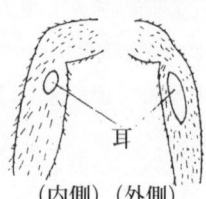

④ 秋になると山や高原にいたアキアカネが産卵のために里におりてきます。下の図は産卵している様子ですが、トンボのオスはメスにどのようにして精子を渡しているのでしょう。

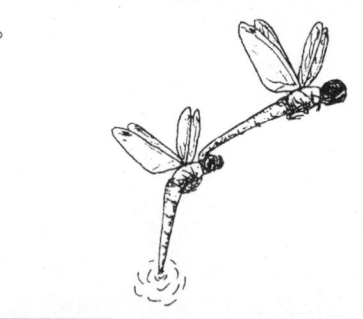

オスはまず腹を曲げて自分の胸の下にある副生殖器に精子を貯める。オスは腹部の先端の交尾器でメスの首をつかみ、メスは腹端をオスの副生殖器にあてて精子を受け取る。どのトンボの交尾もこのようにして行われる。

⑤ 秋の彼岸の頃になると，田のあぜなどにヒガンバナが群生して咲いているのをよく見かけます。ヒガンバナは咲き終わった後，どんな実ができるのでしょう。またヒガンバナの葉はどんなものでしょうか。

　ヒガンバナは実をつけない。球根のみで増える。「花は葉を見ず，葉は花を見ず」といわれ，花が枯れてから葉（写真）が出る。

⑦ カキの実をいくつかに切り分ける時，たねに当たらないで切る方法があります。実のどこを切ればたねに当たらないで切れるでしょうか。
（ヒント⇒たねはある決まった位置にある）

　図のように切れば，たねに当たることなく切ることができる。

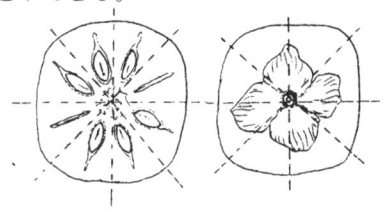

　実の頂部に4条の溝がある。それに沿って切ると図の点線に当たる。
　または，がくに沿って図のように切る。

⑥ 秋の野生の味覚の一つにアケビがあります。この実と対照的なのが染料や薬用として使われるクチナシの実。さて，この2つの実のどんな性質が対照的（まったく逆の性質）なのでしょうか。

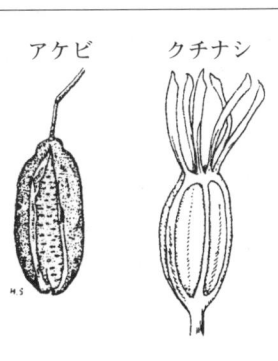

　アケビは開け実で実が裂開するが，クチナシは口無しで実が裂開しない。

⑧ 秋にはコスモスやセイタカアワダチソウなどたくさんの花が咲きます。花には蜜がありますがこの花の中の蜜と，蜂蜜とは同じものでしょうか。

　蜂蜜は蜂が作り出すもので，花の中の蜜とは成分がかなり違う。花の蜜の成分はショ糖が大部分で，他にブドウ糖と果糖が含まれている。蜂蜜の成分はブドウ糖と果糖の方が大部分でショ糖の方はごくわずか，それ以外にも様々な物質が含まれている。中でも花粉がたくさん含まれているのが特徴。蜂蜜を顕微鏡で見ると，花粉がみられる。

11月の観察クイズ

① 写真の紅葉の仕方はふしぎですね。なぜ葉に太いすじのようなものがあるのでしょう。どうしてこのような紅葉の仕方をするのか考えてみましょう。

葉の上に枝が重なっていて、そこだけが日光が当たらなかったため光合成ができなかった。

② カマキリの腹の中から写真のようなひも状のものが出てきました。これはいったい何でしょう。

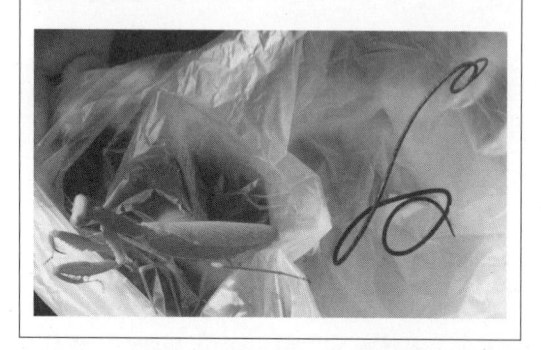

ハリガネムシというカマキリの腹中に寄生する線形虫。成虫になると体内から脱出し水中で生活し卵を産む。

③ どんぐりは秋に地面に落ちて、いったいいつ頃、芽を出すのでしょうか。

コナラやクヌギのどんぐりは、落ちてしばらくするとすぐ発芽して根を地中に下ろした状態で冬を越す。アラカシ、シラカシ、ウバメガシ、マテバシイ、シイなどのどんぐりは、どんぐりのまま越冬して、春になって発芽する。

④ どんぐりを植えるとき、どちら向きに植えるといいでしょうか。つまり、どんぐりはどの部分から発芽しますか。また、発芽するときは芽が先に出ますか。それとも根が先に出ますか。

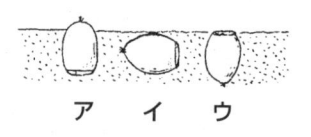

ウのようにして植えるのがよい。しかしアやイのようにしてももちろん発芽して成長する。右の図のように、先端からまず根が出て次に芽が出るので、ウのようにするのが自然な状態である。

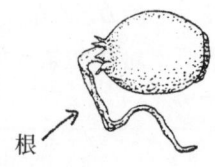

⑤ 秋になると野鳥の中には「渡り」をするものが見られます。鳥はなぜ渡りをするのでしょうか？
ア 本能的に体内に刻み込まれた行動のリズムがあるから。
イ 気温の変化とそれに伴う食べ物の減少が原因。
ウ もともと鳥は南方の暖かい地方で生まれたものなので冬は南にもどってくる。

ツバメ　カモ（オナガガモ）　ユリカモメ

アもイもウも正しいと言える。ある一つの答えですべての鳥の渡りを説明しつくすことはできません。また定説があるというものではなく様々な要因が考えられます。

⑥ 秋はキノコの季節です。キノコは森の中の木や地面からしか生えないものでしょうか？それとも机やいすのように木でできているものなら，何にでも生えてくるのでしょうか？

写真は机に生えたキノコ。但し雨ざらしであった。

⑦ 次のものは実でしょうか。それとも種（たね）でしょうか。

どんぐり　タンポポ　クリ　ぎんなん　カエデ　マツ

実→どんぐり，タンポポの綿毛，クリ，カエデ
たね→ぎんなん，マツ
どんぐりもクリも外の皮が果皮で，一つの実の中に大きなたねが一つ入っている。

⑧ 野草は秋から冬にかけてたねや実をつけて枯れてしまうものばかりではありません。秋に発芽して冬を越し，早春から花を咲かせる越年草または二年草と呼ばれる植物はどれでしょう。

ナズナ　カラスノエンドウ　ハコベ
ホトケノザ　オオイヌノフグリ　オオバコ

オオバコは多年草。それ以外のものは越年草である。どの草も秋に発芽し，少し成長した状態で越冬する。早春少し温かくなると一斉に花を咲かせる。

12月の観察クイズ

① 学校の土置き場で下の写真のようなすり鉢状の穴をいくつも見つけました。さてこの穴は何でしょう。
（ヒント）ある生物の活動のあと

スズメの砂浴びのあと，スズメは好んで砂浴びをする。

② 葉のすじ（葉脈）は水の通り道です。葉のつけ根の部分の断面には図のような水の通り道のあとが見られます。これは，植物全般に共通しているでしょうか。それとも種類ごとに異なるのでしょうか。

図のように葉痕（水の通り道のあと）は種類ごとに違う。

カキ　サクラ　モクレン
ケヤキ　ナンキンハゼ　イチョウ
トチノキ　ユリノキ　ポプラ

③ ケヤキの果実は図のように小さなものです。しかし，ケヤキはこの小さな果実を遠くまで飛ばす知恵を持っています。その知恵とはどんなことでしょう。

小枝に果実をつけたまま風でとんでいく。くるくる回ってかなりの距離飛ぶ。　果実

④ 実とたねという区別は意外に難しいものです。通称「ひっつきむし」と呼ばれるオナモミの右図の部分は実でしょうか。それともたねに当たる部分でしょうか。

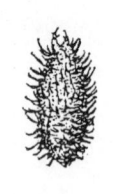

正確には果実でもたねでもなく，2個の果実を入れている袋（つぼ状体と呼ぶ）である。

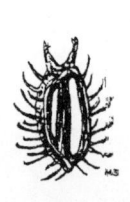

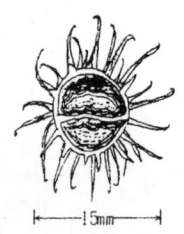

第3章 ● 自然観察の方法とその視点を考える

⑤ 虫といっても昆虫やそれ以外の小動物まで含めると様々ですが,下の虫の中で脚の数がいちばん多いのはどれでしょうか。

クモ・ムカデ・ヤスデ・ワラジムシ
ゲジ・フナムシ

　クモ（8本），ムカデ（30〜354本），ヤスデ（26〜200本以上），ワラジムシ・フナムシ（14本），ゲジ（30本）。私達の身近なものでは，ヤスデがいちばん脚の数が多い。

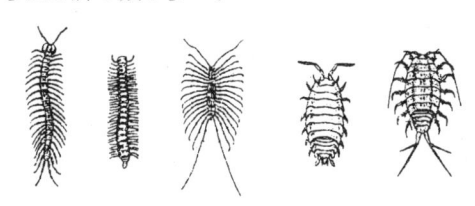

ムカデ　ヤスデ　ゲジ　ワラジムシ　フナムシ

⑦ 枯れた草の茎などによくカマキリの卵塊が見られます。これはカマキリが泡のようなものを出して，その中に卵を産みつけ，その泡が乾燥してふのようになったものです。1個の卵塊の中に卵は何個くらい入っているのでしょう。
ア　20〜50個
イ　50〜100個
ウ　150個くらい
エ　200個以上

　正解はウ　150〜160個の卵が入っていて春になると一斉にかえるのが不思議。

⑥ レンコンには穴が開いています。レンコンはハスの地下茎ですが，そのハスの葉の柄（葉柄）にも同じような穴が見られるでしょうか。それとも葉柄はふつうの葉と同じようにつまっているでしょうか。

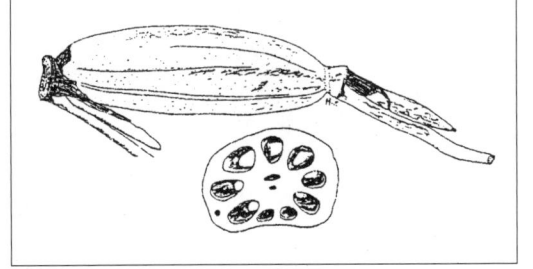

葉柄にもレンコンと同じように穴がある。

⑧ 冬には球根の水栽培を見かけますが，球根といわれるものの中にもいろいろあります。球状の根ということから球根といわれるようですが，下記の球根の中で正確には根でないものはどれでしょう。
ア　ヒヤシンス　　イ　クロッカス
ウ　ゆり根　　　　エ　玉ねぎ
オ　カンナ　　　　カ　ダリア
キ　スイセン　　　ク　チューリップ

鱗茎ーヒヤシンス，クロッカス，ゆり根，玉ねぎ，スイセン，チューリップ
根茎ーカンナ
以上はすべて茎の変形したもの。
よって，正確に根であるのはダリアのみ。

1月の観察クイズ

① ミノムシはしっかりとしたみのの中に体をすっぽり入れてみのごと移動しながら木の葉を食べています。食べたらふんをするわけですが，ミノムシはふんをどのようにしているのでしょうか。
　ア　みのの中でふんをして，たまったらみのの口から捨てる。
　イ　しりをみのの口から出してする。
　ウ　みのの下の部分が開いており，そこからする。

正解は**ウ**
みのの下の部分が開いているのがわかる。

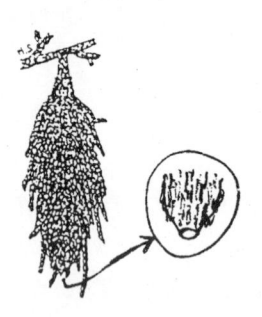

② ミノムシはミノガの幼虫です。成虫となったガは雄と雌がどこで出合って交尾するのでしょうか？場所は決まっています。

　オスは羽化してみのを飛び出すが，メスは成虫になっても羽がなくみのの中に入ったままで卵を産む。つまり，雄と雌が出合う場所は雌のみのである。

③ 冬なのにタンポポが咲いている！どうしてでしょう？
　ア　地球の温暖化の影響
　イ　そういう種類もある。
　ウ　変わり物

　正解は**イ**　写真のタンポポの種類はセイヨウタンポポで，この種類は年中咲く。とはいってもやはり春が最も勢いよく咲く。冬の花は花茎がとても短く地面にへばりついているようだ。

④ 木の切り株を見ると図のような年輪がありました。この年輪から方角がわかるでしょうか。

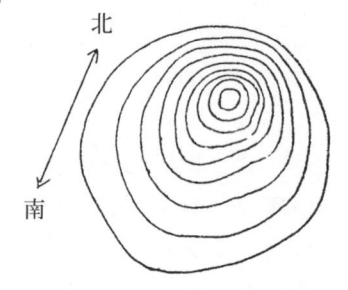

　1本だけ生えている場合や南向き斜面に生えている木の場合のみ年輪が広い方が南であるとわかる。しかし，南側に別の木が隣接して生えているとわからない。

⑤ ヤツデの葉は，葉の先端がいくつにも分かれています。いくつに分かれているのでしょうか。
(ヒントは名前の由来にあるようですが…)
ア 5つ　　　イ 6つ
ウ 7つ　　　エ 8つ
オ 9つ　　　カ 10

ヤツデは八つ手という意味，つまり8つの手に分かれていることを表している。しかし，実際には7～9に分かれていてむしろ8つのものよりも9つに分かれているものの方が多いようだ。

⑦ 冬になると公園のマツにこも（わらであらく織ったむしろ）が巻いてあるのをよく見かけます。何のために巻いてあるのでしょうか。
ア 木を寒さから守るため
イ 虫よけのため
ウ こもを巻いておくと春に芽が出やすいため
エ 虫をそこに集めて駆除するため
オ 飾りとして

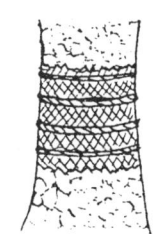

正解はエ　マツの葉を食い荒らすマツカレハの幼虫を退治するためのわなである。マツカレハの幼虫は寒くなると冬越しの場所を求めて地上へ下りてくる。その途中でこもがあるためここに集まってくる。二月頃このこもを集めて焼いて毛虫を退治している。

⑥ バナナの実を横に切るとどんな形をしているでしょう。

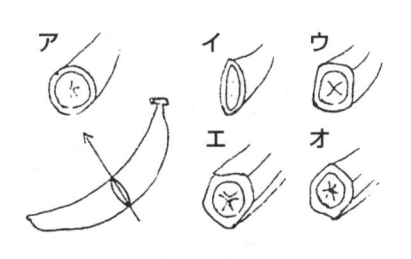

正解はエ　皮は五角形をしているが，中身は3つの部屋に分かれていてたねが入っている部分が黒くなっている。

⑧ お正月に見られる門松は，植物の種類でいうとどんな松が使われていますか？

正式には門松の左側が雄松といわれるクロマツ，右側が雌松といわれるアカマツのようであるが最近は混同して使われている。図の矢印の部分の芽が白いものがクロマツ，赤茶色がアカマツである。

2月の観察クイズ

① 庭木の小枝にあずきつぶほどの小さな白いかたまりが点々とついているのを見たことがありますか。これはカイガラムシといわれる生き物です。カイガラムシはなぜ小枝にじっと動かずについているのでしょう。
ア　動くと敵に食べられるから
イ　口を小枝にさし込んでセミのように木のしるを吸う。
ウ　さなぎの状態で動けない。

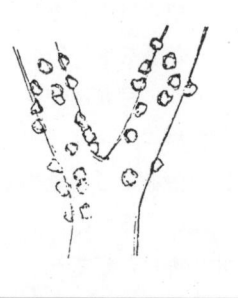

正解は**イ**　幼虫は自由にはい回るが，成虫になると口を枝にさし込んで固着してしまう。

② 下の写真はアレチマツヨイグサのロゼット葉です。ローズ（バラの花）のように葉が広がっているのでロゼットの名が生まれたようです。この形をして冬越しするとどういう良さがあるのでしょうか。

日光と地面の熱をよく受けることができる。

③ クロッカスの水栽培をしました。写真のようになぜか根がバネのようになりました。なぜこのようになるのでしょうか？

右の写真はヒガンバナの根。共に根が縮んでくる。これを収縮根といって球根を土中に引っ張る働きをしている。

④ スイセンの葉を1枚，描いて下さい。どんな形の葉かな？そしてどんな状態だったかな？

よく見ると必ず葉がねじれている。ねじれていることでどの方向からの日光もよく受けられるからだと一応考えられる。

⑤ 写真はすっかり葉を落とした木を見上げたものです。上部の黒く見える部分は何でしょうか。

カラスの巣

⑥ 枝の一部分が他の枝とはずいぶん違っていますね。これは何でしょうか。想像してみましょう。

天狗巣病（てんぐす病）といって枝に病原菌が入って枝がほうき状に叢生するもの。

⑦ 写真はメタセコイアですが，樹形がずいぶん変形していますね。なぜこんな樹形になったのでしょうか。

密植されているため，両隣の木の方向には枝が張れない。そこで空いている方向にのみ枝がよく成長して張り出すため。

⑧ みかんの皮をむくと，ふくろの外側には図のように白い筋があります。この筋は何でしょうか。

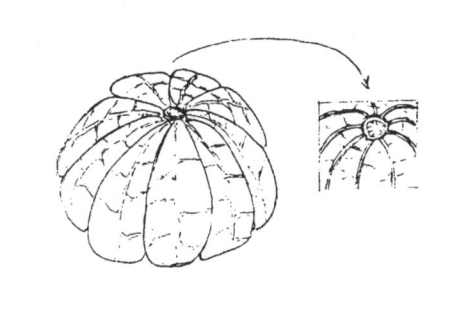

ふくろはもともと葉が変形してできたものだから，その名ごりが筋，つまり葉の中心にある葉脈の主脈に当たる。筋は水や養分の通り道だったのである。

3月の観察クイズ

① キャベツは写真のように葉と葉が互いに巻き合ってボールのようにまるくなっています。このキャベツにも春になると花が咲きますが、どこから花が出てきて咲くのでしょう。

写真のように、まん中から出てくる。

② 春を告げる花として万葉の人々にも愛されたウメは、品種が多く300種類以上もあります。その中で八重の花は花びらが多く美しいものですが、その八重となっている花びらは何かが変化したものです。何が変化して花びらになったのでしょう。
ア めしべ　イ おしべ　ウ がく
エ 花びらが分裂して数が多くなった。

正解は**イ**　おしべが花弁に変化したものである。

③ 写真は樹木の幹に誰かがいたずらで文字を刻んだものです。この文字は10年、20年後にはどうなるでしょうか。 
ア 文字がふくらんで大きくなる。
イ 木が成長して文字が上の方へ上がっていく。
ウ まったく変わらない。
エ 消えてなくなる。

写真のように樹木は傷口を被い再生していく。よって**エ**が正解。

④ 公園や山里で写真のような奇妙なものを発見しました。これは野外に出しっぱなしの看板の表面です。山手のガードレールやコンクリート壁の表面にも見られます。これはいったい何でしょうか。みなさんがよく知っているものです。

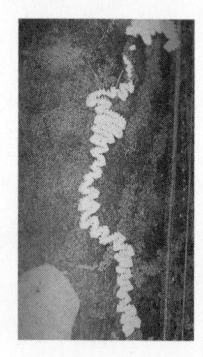

カタツムリの食み痕。
カタツムリには歯があり、看板の表面についた藻類やコケを歯でけずり取って食べていく。

II 生き方を学ぶ自然観察

第❶章　自然観察から生き方が見えてくる
- 人間陶冶の自然教育
- 私の自然観察論
- 観察の真義を問う
- 「一体観」を考える
- 内なる自然の自覚と行為
- 「自然」に生きる
- 自然の妙に「自然（じねん）」を洞察する楽しみ
- 生き方を学ぶ自然観察
- 日本文化に根ざした自然教育の必要性
- 自然とのふれ合いで育つ心

第❷章　子どものための自然哲学入門

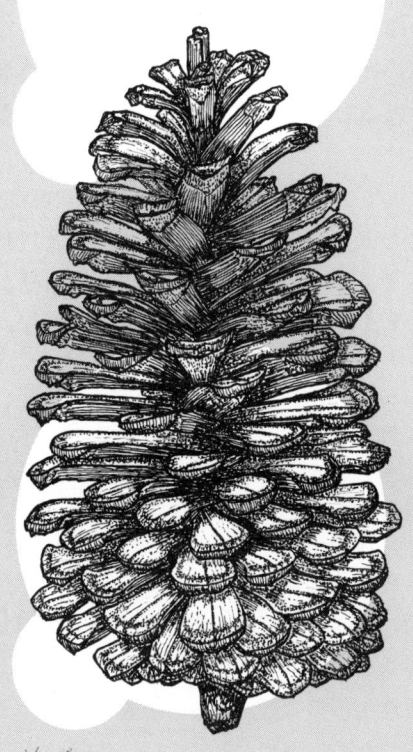

Ⅱ. 生き方を学ぶ自然観察

第❶章 自然観察から生き方が見えてくる

　今日の学習は生きる力を養うことを標榜しつつも，一方に受験勉強という部分が抜けきれず，子どもの意識からしても進学のための勉強の域を出ないのが現状であろう。しかし，本来の学習は「学ぶこと」と「生きること」が一つのものであるべきなのだ。つまり，豊かに生きるために，充実した人生を送るために学ぶのであり，自己の人間性を深めるために学問をするのである。「学ぶことと生きることが一つ」すなわち「学即生」であり，それゆえ「学生」という。小学生，中学生，大学生，どの段階もいつも学生なのである。
　「学即生」を実践して生きるのが学生であるならば，自己を深めるために常に学び続ける人は一生涯が学生なのだ。学問することが生きることに直結している姿こそが，理想の学ぶ姿である。
　自然観察は自然を学び問うことである。自然について学び，自然について問い続けることが，生きることと結びつくということは，一体どういうことなのかと思われるかもしれない。自然を見つめ，自然を学び，自然を考えることは，自己を見つめ，自己を振り返ることにほかならないのである。そして，それは生き方を学ぶことに直結してくるのである。

人間陶冶の自然教育

　自然に触れ，自然を知ることは，物知りを育てることではなく，また科学者を育てるためでもない。自然に触れ，自然を観察することが，人間を陶冶することに結びついてこそ値打ちがある。自然に学ぶことは人格を作り上げることにつながる。また逆に，人間陶冶のためには自然に謙虚に学ばなければならない。公教育としての自然観察の意義は，自然科学者の養成のためでも，単なる自然愛好家を育てるためでもなく，自然と自己の深い関係をしっかりと見つめ，その健全なあり方を体得し，充実した自己の人生を生ききるためのものでなくてはならないと考える。そのためには，次のような視点を持って自然観察に望むことが大切であると思う。

1. 体験の経験化そして経験の行動化

　自然を体験すれば何かが学べるというものではない。体験の仕方によってその学ぶ深さがずいぶん変わってくる。活動主義や体験主義といわれるように，とにかく自然の中で何か活動をすればそれは自然体験活動であり，必ず意義のあることであるという見方は一面的である。確かに体験や活動をすればそこから何かを学び取れるはずだから，しないよりはした方がよいだろう。しかし，同じ活動をするからには，より

価値のある，意義深いものにしたいものである。そのためには，活動や体験の内容とともに，それを行うときの心構えや受け止め方を示唆しておくことが重要である。さらには，体験後の整理が重要であろう。活動を振り返って反省し，得たこと学んだことを整理してまとめることによって，その中身を明確化し，自覚化することができるのである。こうすることによって体験は経験化され，概念化し，自覚化して次に生きるのである。また体験で得た事を実際に生かしてみることで生活化し，日常化し，行動化することになる。

2．観察の深まりは自己の深まり

ものを見るということは無限の深さを持っている。見る側の深さの分だけ自然が見えてくるのである。自然は無限に深く広大である。私達が自然を観察するということは，小さな器を手にして，波打ち際で広大な海の水のほんの一部分をすくっているようなものだ。その器の大きさの分だけを自然界から学び取ることができる。自然はいつも無限の深さをたたえて私達の眼前にある。それをどれほどの深さで読み取り，学ぶかは，私達自身の問題である。見方の深まりの分だけ，より深いものが得られるのである。見方を深めること，観察力を高めることが大切であるが，ではどうすればよいかが問題である。観察するということは，単に五感を磨けばいいというものではなく，その五感の背後にある心の問題が重要なのである。観るのは心で観るのである。心を深めてこそ見方が深まる。心を深めるには常日頃から深く考えてみる習慣をつけることである。自然について，自然と自分自身との関係についてじっくりと思索してみることによって，見方は確実に深まる。思索を重ね，

思索を深めた分だけ，自然はより深く見えてくる。見方の深まりは思索の深まりであり，問題意識の深まりでもある。自然の中で，おや？これはいったい何だろう？なぜこうなのだろう？どうして？などの小さな疑問を捨て置かないで，自己の内に大事に持ち続け，醸成していくことによって問題意識は鋭くなる。その分見方は確実に深まるのである。

外なる自然を観察することは，自己という内なる自然を見つめることに通じている。だから，自己を深く見つめるほど自然の見方が深まってくる。また逆に，自然をより深く観察できるようになると，より深く自己を見つめられるようになる。自然観察が生き方と結びつく所以である。自己の深まりの分だけ自然が見えるようになるということは，俳句で考えるとわかりやすい。身の回りの自然の機微を敏感に感じることができるようになってこそいい句が生まれる。自然が観えてくると，あえて句を作ろうとしなくても自然に言葉が出てくるようである。

3．俳句，和歌の心に学ぶ

「よく見れば　なずな花咲く　垣根かな」
（芭蕉）

「花をのみ待つらん人に山里の　雪間の草の春を見せばや」
（藤原家隆）

自然を観察するということは，この「よく見れば」ということである。「よく」「見る」のである。ただぼんやりと見るのではなく，心を落ち着け，心を研ぎ澄まして，細心の注意を払って，全身全霊を込めて，いのちいっぱいに見るのである。

> 「桜花いのち一杯さくからに生命をかけて
> わが眺めたり」
> 　　　　　　　　　　　　（岡本かの子）

　このような見方をすることによって見え方は変わってくる。命懸けで見るくらいの気持ちになれば，自ずと表層的でない深いものに触れることができるはずである。

　斎藤茂吉の「短歌に於ける写生の説」によれば，「実相に観入して自然・自己一元の生を写す。これが短歌上の写生である。」という。このような俳句や短歌の心は自然観察の本質を端的に表現してくれているように思う。科学的な客観性を重視したものの見方の基盤にあるものは，俳句や短歌に見られる詩心であろう。井尻正二が「科学者は第一に詩人でなければならない。第二に哲学者でなければならない。」と言っていることと呼応しているように思う。自然観察の根底には詩心が働いているのである。興味・関心・知的好奇心から出発して，深い愛情を持って自然を見つめることができるようになることが，理科教育でねらっている「自然を愛する豊かな心情を培う」ことに結びついてくるのである。

　高浜虚子は，「俳句は花鳥諷詠詩である」と「俳句読本」で述べている。同書に『芭蕉も「花鳥に心を労する」という言葉を使っております。花鳥に心を労するという言葉を味わって見ますと，それは春夏秋冬の現象に心をとめてそれに苦労をするという意味であります。苦労をするという意味はそれに没頭して身心を労らすという意味であります。』と言っています。自然を観察するということは，身心を傾けて花鳥に没頭没入して一つになる心境となることであると説かれている。このように自然の風物の見方が深まれば，自ずと生き方に変化が現れてくるものである。正に「観は行に通ず」である。見方の深まりは生き方をも変えるのである。

4．直観を磨く

　自然を見るには，アリの目（ミクロの目，部分）とトリの目（マクロの目，全体）を同時に働かせることが重要である。それには目の前の現象にとらわれることなく，その奥にある自然界の本当の不思議さや素晴らしさ，自然の妙を感じ取ることのできる直観力を磨くことが要求される。科学も直観的に把握されたものを，客観的なデータを元に数量化し説明しているわけであるから，その元には直観が働いているのである。生きることは日々が選択の連続である。買い物でどちらを選ぼうかという小さな選択から，自己の進路を決める大きな選択までその段階はいろいろではあるが，どれも確実で明確なものはなく，ある意味ではその選択に誤りがないかどうかは賭けをするようなものである。つまり，直観によって判断しているのである。自然観察が生き方と結びつく点の一つは，自然を見ることで直観を磨き，その直観力は日々の生活や生き方にも反映してくるということだ。自然観察が深まると，確実に直観力が養われ，人生においても間違いのない選択を積み重ねていける力が得られる。一見関係のないことのようにも思えるが，自然を見抜く直観力は人生の選択においても確実に生きるのである。

5．変化の中に不変を見抜く

　春夏秋冬，季節は日々移り変わり，一日として同じ日はない。千変万化している自然現象であるが，その奥を静かに観ると，変化している内奥に不変なものを見出すことができる。四季

はそれぞれに変化するが，四季の変化そのものは何百年，何千年も前から不変なものである。生命においても，個々の生命は寿命を持ち，次々に変化していくが，生命そのものは何億年もの間受け継がれつつますます繁栄している。自然界の変化は，短時間に見ればすべてが無常なるもので次々に変化し，留まるものはないが，もう少し長い期間でとらえると，不変的に存在し続けていることに気づく。自然を観ることが生き方に反映されるためには，自然現象のさらに奥を見抜くような深い目を持って静観することが必要である。一面文学的な見方であるが，他方自然の本来の姿の中に不変なる側面があることは間違いない。変化しつつ変化しないものを観る，それは自然界の本質を直観することかもしれない。

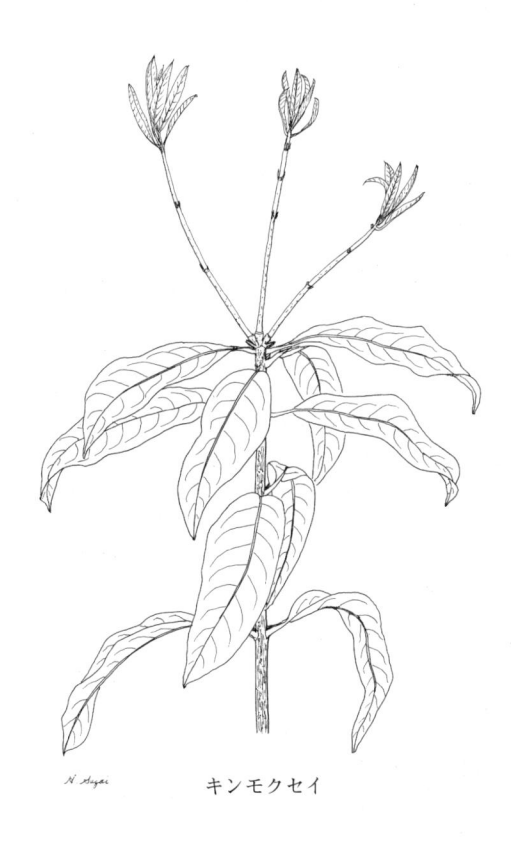

キンモクセイ

私の自然観察論

　自然志向が一種の流行となっている現在、各地で自然観察会が催されどこも盛会のようである。人々は自然に何を求めているのだろうか。殺伐とした都会生活の中できっと心のやすらぎを求めている人々が多いのではないだろうか。しかし多くの自然観察会でなされていることは自然を科学的にとらえて自然のしくみを知ることである。そのような自然の見方のみで果たして真の心の安らぎが得られるものであろうか？

　小学校教育においても、子ども達と自然との出会いは生活科や理科という狭い教科枠の中に限定され過ぎているように思える。人間、自然から学ぶことは実に多いものである。もっと生きていく上において価値ある自然との接し方やふれ合い方、見方を指導して、自然に対して子ども達の心を開いていくことが大切であるように思う。そこで、私が考える自然観察を以下に述べてみたい。

1．自然の見方について

　自然観察とはどのような自然の見方をすることなのか？それは何を目的に自然を観察するのかによって変わってくる。自然の見方を大別すれば次のような3つの観点になろう。
ア）知…自然科学的な見方（悟性的・思惟的認識）
イ）情…美的芸術的な見方（感覚的・感性的認識）
ウ）意…哲学宗教的な見方（理性的・直観的認識）
　自然の構造と機能を客観的にとらえそれを自然の法則として積み上げ自然科学の進歩に役立て科学技術の発展に貢献する目的で自然を観察するという見方が科学する者の自然の見方であり、現代の自然観察の一般的な傾向であろう。あるいはもう少し日常的個人的なとらえ方をすると、自然の仕組みを知り、自然に対する知識を増やし理解を深め、地域の自然保護や自然環境の保全に役立てようという目的を主としていることが多いようである。現代の自然観察の問題点は自然を科学的に見ることのみに留まっていることであろう。自然科学的な見方はあくまでも一面的な見方であることを自覚しなければならない。科学の限界を知った上でその範囲内でのとらえ方なのだという目覚めた認識が必要なのである。

　それに対して自然に接していると心が安まるからという人々も多い。心の安らぎを求めての自然観察である。森林浴のように自然の中に身を置くことで心身ともに疲れが癒えるのである。観察というよりもむしろ自然に浸ることの喜びを味わうという自然とのふれ合い方である。

　また一方、自然にふれ合うことによって豊かな感性を培いたいと願う人々は、絵画や俳句、和歌、写真などを楽しむことを通して自然を観察している。自然観察を基にしてそこで得られた感動や美観をそれぞれの作品として表現していくのである。

　科学的認識を深めるための自然観察、心の安らぎを求めての自然とのふれ合い、芸術としての自然観察、これらはそれぞれに意義や価値のあるものである。しかし〈自然観察が自己の生き方に反映するようなものでありたい〉と願ったとき、上記のような自然観察の仕方ではまだもの足りないように思われる。

　自然という総体を真にとらえようとしたとき、科学的な見方、芸術的な見方、哲学的な見方など、個々ばらばらにとらえていてはそれぞれの見方の側面しかわからない。自然の全体像、全相をとらえるには、知・情・意のとらえ方が渾然一体となって、しかもそれを突き破るような見方にまで高める必要がある。私達が自然に接する時、科学的な見方のみで見ているという

事はあまりなく，美的にも，あるいは哲学的にも，また時にはあまりの美しさ，不思議さに何か崇高な厳粛な雰囲気を感じとることもある。ところが科学的な見方をしようとすれば芸術的・哲学的な見方は排除され，また芸術的な見方をする際には科学的な見方は基盤にはありながらもそれにとらわれないで主観的な見方が優先される。ある立場，ある見方に留まると，他を排除しがちになるのである。それでは生き方にはね返って来にくいように思われる。石ころ一つ手に取って眺めるときにも，科学的にとらえながら，しかもその美しさに心打たれ，その石が生成した神秘に心馳せ，地球や宇宙の誕生にまで思いを向けることができれば，自然の全相の把握に一歩近づくことになろう。そしてさらにもう一歩，そういう自然の見方を通して自分自身の生き方を見つめることにまで自然観察が深まることが望まれるのである。

2．「観察」とは何か

自然を見ることが自然観察の始まりである。しかし，一概に"見る"といってもその見方は様々である。そこで，まず"みる"とはどういうことかを考えてみたい。

「見る，看る，視る，診る，観る」——見方にもいろいろある。「見えている，見る，見つめる，見入る，見続ける，見抜く，見通す，見極める」など，見るという行為の程度や深みも多様である。そもそも「みる」とは「目射るの義」であり，「見る…眼に映し知る」「視る…注意してみる，心を止めてみる」「観る…念を入れてみる，かんがみる，かんがえる，みて占う」などに使い分けられているのはその見方の違いや深さを指し示しているのである。では「観察する」とはどのような見方をすることなのか。

「観」とは「鑑みる」ことである。「鑑みる…照らしてみる，手本に照らして考える」つまり，観るとは自己の自然観・生命観・価値観・美観などに照らしながら考えることであると言える。だから真に「観る」ためには自己の自然観・生命観・価値観そのものが問われることになる。「観る」とは想像することであり，考察することであり，洞察することであり，現象の奥にある本質を見抜き，読み取り，感得し，直観することなのである。「直観による洞察」こそ「観察」の真義である。

「洞察」とは見抜くこと，見通すことであり，見て事柄の奥を知り見破ることである。
「洞」…通り抜ける，悟り知る，明らかな。
「察」…明らかにする，見分ける，推し量る，考える，思いやる。これらの言葉の意味からしても，要するに観察とは見えないものを直観によって見抜くことなのである。

3．観察から観行へ

自然の事物現象を観てとらえ，さらにその奥にあるものを洞察するということ，つまり観察という行為は，自分が生きていく上にどういう影響があるのだろうか？もし観察が自己自身に何の影響力も及ぼさないようであれば，自然観察など無用であろう。

そこで「自己に生きる自然観察」を追究したいのである。言い換えれば「生き方としての自然観察」である。自然観察によってものの見方や感じ方，考え方，価値観を変革し，積極的に生き方に反映していこうとするものである。それは「生き方にはね返る自然観察」であり「自然観察を通して自己の生き方を見つめる」ことである。つまり「自己を見つめる自然観察」と言ってもよく，「自然を鏡として自己自身と対

話すること」でもある。自然を観察するという行為が単に知識の増大や概念の蓄積に終わることなく，生きて働く力となり，真の知恵となるためには，観察することが行動と結びついてこなければならない。つまり観察とは行動することであり，「観」即「行」となるのである。

文部省が昭和16年に「自然の観察」（教師用）を出した当時の文部大臣橋田邦彦氏はこれを「観行」と述べている。

> 「観られた世界の中に自己が，即ち観るものそれ自身が入り込んでゆかなければ，どうしても全面的な世界はそこへ現れては参りません。この観るものそれ自身が観られるものの中に没入すること，これが行であります。私はかかることを「観行」といい表わしております。即ち単に観るということだけではなくして，この観ということが行として現れて来なければ，本当に観ることにはならないのであります。言い換えれば，観られるものが，観るものの行として観られていることになるとき，始めて本当の世界が観られているのであります。」
> （「正法眼蔵の側面観」昭和10年）

観察することで知見を増やして楽しむというだけならそれは「観賞」であり「傍観」である。多くの場合自然を傍観し，自然観賞をして，楽しんでいるに留まっているのである。もちろんそれも悪くはないが，それは入門であり初歩の段階であって，いつまでもその段階に留まっていては進歩がない。自然観察は実に奥が深い。傍観・観賞から観察へそしてさらに観行へと質が高まっていくことが求められる。

4．ありのままに自然を観るということ

"自然観察とはありのままに自然を観ることである"「ありのままに自然を観る」ことはどのような視点で自然を観る場合にも是非とも必要なことである。ありのままに観るためには観る側に先入観や偏見があってはならない。小林秀雄氏は

> 「批評トハ無私ヲ得ントスル道ナリ」
> （高見沢潤子「兄小林秀雄との対話」
> 　　　　　　　　　　　　　昭和44年）

と述べているが，相手のことが本当にわかるためには一旦は自分を虚しくして相手をすべて受け入れることができなければならない。自分を捨てて自然の中に飛び込み，自然と呼吸を合わせていくことによって初めて自然がありのままにとらえられるのである。「自然をありのままに観る」ことこそ真の自然観察であり，そのためには自分の心を開き，心を解放することが何より求められる。自然を素直に見つめるには，自己の心が澄んでいなければならない。自己の心境により観え方の深みが違ってくるのである。水が澄み水面が波立っていない池は底までよく見通せるが，水の濁りや水面の波立ち具合によって池の中が見にくくなってくるようなものである。また，鏡の表面がくもりなく澄んでいれば，汚れなくゆがみなくあるがままに写すことができるが，もし表面に傷があったりでこぼこしていたり汚れていたりすれば，あるがままに写すことができずに，ゆがんだ像を写し出すことになる。

斉藤茂吉氏は〈短歌に於ける写生の説〉（大正9年）において「実相に観入して自然・自己一元の生を写す。これが短歌上の写生である。」

第1章 ● 自然観察から生き方が見えてくる

あるいは「絵画では実相・実在・自然を対象として飽くまで其を究めることが即ち自己の生を写すことになるので、これが絵画上の写生である。」と述べている。自然と自己が感応道交することによって、はじめて自然のありのままの姿すなわち自然の実相を写し出すことができるのである。正に「自己の心は自然を写し出す鏡である」といえるとともに「自然は自己が自己を見つめる鏡である」ともいえるのである。

西洋は自然を自己から突き放して客観的にとらえようとするのに対して、東洋は自己を自然と同化させてしまって自然と自己が一体となってとらえようとすることが特徴的である。西田幾多郎氏の「絶対矛盾の自己同一」や「物になって考え、物になって行う」という言葉がそれを示している。自然をあるがままにとらえるには東洋的な自然の見方に学ぶことが多い。自然をありのままに観るという如何にもやさしそうなことが極めて難しいことなのである。自己を空じて自己が自然そのものに成りきったときにこそ自然の実相が姿を現すことになる。

5.「自然」「生命」「自己」を考える

自然観察はただ単に自然の事物現象を見るということに留まっていては駄目で、その上に立って「自然とは何か」を考え「自然を哲学する」ことにまで突き進まなければならないと思う。自然を考えるということは、人間それ自身が自然であることから自己を考えることでもあり、自己の生命を考えることでもある。草木や虫、魚、鳥、獣などの生物としての生命、川や海、森、大地などの生命、さらには地球という生命体、宇宙という大生命、これらの「生命を哲学する」ことが自然を観察することである。自然を考え、生命を考えることは詰まるところ自己

自身の存在を問うことになり、自己を考え「自己を哲学する」ことにならざるを得なくなるのである。「自然」「生命」「自己」を考え哲学することこそ自然観察の重要な目的なのである。

自然の本質を探究し、生命の意味を問い、自己の存在を考究することを自然観察の目的ととらえるならば、もっと"考える楽しさ"を実感し味わえる自然観察のあり方が考えられなければならない。言わば、"小学生のための自然哲学"とでも言えるものであろう。「哲学する」というと堅苦しく難しくとらえられがちだが、「当たり前すぎて忘れられている事がらを改めて自分の頭で考えてみる」ということが哲学することなのである。そして、自分で哲学することを通してこそ、借り物ではない真に自分の自然観が形成されてくるのである。そのためには小学生は小学生なりの、中学生は中学生なりの自然哲学が考えられてよいはずである。

「クリになぜいががあるの？」「なぜ草にはいろいろな種類があるの？」「蝶はどうしてあんなにきれいな羽をしてるの？」「なぜ地球は回っているの？」など、子ども達のたわいないこの種の問いは、すべて自然哲学そのものである。このような問いに対して答え方はいろいろあるだろう。今まで多くの場合、科学的説明を加えて理解させていたことが多かったように思われる。しかし子ども達が素朴に発したこれらの問いに対して、子ども達自身必ずしも科学的解釈や物質的説明を期待しているわけではない。むしろ子どもの生き方に返っていくためにはそれらの問いを哲学してみることが大切である。哲学はただ一つ正しい答えがあるというものではない。自分がどのように考え受け止めるのかが大切なのである。何気ない問いに対してもちょっと立ち止まって自分の頭を巡らせてみることに意義があり価値があるのである。

6. 自然に呼吸を合わせよう

> 『松は松，竹は竹，山はまさに山として如々堂々として其処に在る。我々はときに松から「松」という名を奪いとったところで松に対し，「富士」という名を奪いとって富士山に直々に対面することが必要である。』　（唐木順三「良寛」昭和46年）

> 「松の事は松に習え，竹の事は竹に習え」
> 「造化にしたがい，造化にかえれ」　（芭蕉）

　自然を真に洞察し，そのことが自己の生き方そのものになるためには，観察が観行となることが極めて大切である。自然を観察することがそのまま観行となるためにはどうすればよいのか。一言でいえば「自然に呼吸を合わせて生きること」だと言える。自然の心と一つになること。自然に波長が合うこと。自然のリズムが我がリズムとなること。自己自身が無心になって自然の中に飛び込み自然に成り切ること。自然と自己が一体化すること。自ら（みずから，つまり自己）が自ずから（おのずから，つまり自然）となること。おのずから（自）しかる（然）世界こそが自然である。自己自身がおのずからしかるものとなることが即ち「自然に呼吸を合わせて生きること」なのである。

　正に自然観察の究極の目的はここにある。この心境になり得たとき，自己の内に自然そのものが生きるのであり，自己が自然となるのである。

> 「自己をはこびて万法を修証するを迷とす，万法すすみて自己を修証するはさとりなり。」　（道元「正法眼蔵」現成公案）

> 「われわれが外なる世界といっているものと，内なる世界といっているものが本当に切り離されたものなのか，自分と他人，自己と他者とが，まったく対立するものなのか，自分と外なる世界とは，本当は同じ存在の両側面なのではないか，私あっての他人，他人あっての私なのではないか，太古の昔から無限に繰り返された内と外とのかかわりの中で，だれかが生まれ，同じその過程の中で私も生まれたのではないのか，原野の一本の草花と私とは実は兄弟なのではないか，あるいは空に浮かんでいる雲と私とは同じ存在の別々な表現形式にすぎないのではないか，という種類の，予感とも思い出ともつかない感情が生まれてくるのです。シュタイナーはそういう種類の，他者と自己，客観と主観との同一性の予感を感じることが，カルマ認識の重要な一歩だ，と考えています。シュタイナー教育の一番重要な人間認識の観点はここにあるのです。
> （高橋巖「シュタイナー教育入門」
> 　　　　　　　　　　　　昭和59年）

> 「最近亡くなられた井筒俊彦先生が次のようなことを書いておられた。"われわれは通常は自と他とか，人間とぞうとか，ともかく区別することを大切にしている。しかし，意識をずうっと深めていくと，それらの境界がだんだんと弱くなり融合してゆく。そして，一番底までゆけば『存在』としか呼びようのないような状態になる。そのような『存在』が，通常の世界には，花とか石とか，はっきりとしたものとして顕現している。従って，われわれは「花が存在している」と言うが，ほんとうは「存在

が花している」と言うべきである"というのである。「存在が花している」という表現は、私は大好きである。そして、まどみちおさんの詩を読んでいるとその感じが、ぴたっとわかるときがある。まどさんの詩に出てくる、花や石や、ぞうやのみなどに合うと、「あれ、あんた花やってはりますの。私、河合やってますねん」と挨拶したくなってくるような気がするのである。根っこでつながっている感じが実感されるのである。」(河合隼雄「おはなしおはなし」
朝日新聞1993,2,21)

自然観察とは自己観察であり、自己の内なる自然に気づき、外なる自然との境界がなくなり一体化することであり、自然と一つである自己を生きることである。こうなったとき自然観察はおのずから勧行となるのである。

以上のような見方をすれば、自然を科学することも、絵を描くことも、詩を作ることも、音楽に表現することも、自然を哲学することも、自然を八百万神ととらえて敬い、また山川草木国土悉皆成仏として尊ぶことも、すべてが自然観察そのものであることがわかる。本質に於いてはすべてがつながっており、私達は常に本質・本源に返ればいいのである。

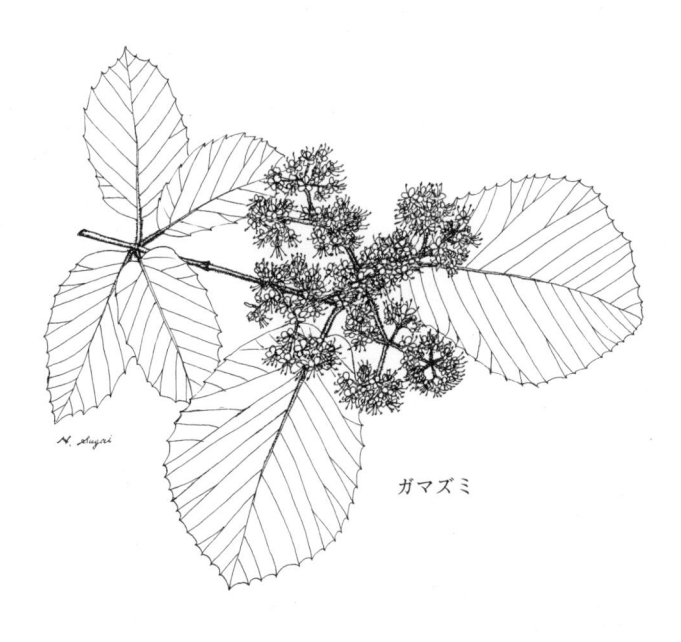

ガマズミ

「観察」の真義を問う

> どんな賢明なことでもすでに考えられている。それをもう一度考えてみる必要があるだけだ。　　　　　　（ゲーテ）

　学問の本筋は生き方の追究に帰結するものである。自然観察も単なる自然科学の発展のためや知識体系の確認のためのみに終わらず，自己の生き方の追究としての自然観察に高めていきたいと思う。科学者ならば自然科学の知見を蓄積することを考えて自然観察するのもよいが，私達が自然観察をする意義は科学者とは違うはずである。自然観察が単なる趣味やストレス解消，気分転換，レジャー，レクリエーション，スポーツなどのためならば，それに代わるものは他にいくらでもある。あらゆる人工的・人為的なものでは得られないものが自然観察にはある。自然観察が自己の生き方に結びついてきたときには無限の深みを感じ取ることができる。

> 詩人はその人自身が詩であり，その言行が亦詩であらねばなるまい。その人の生涯そのものが。　　　　　　（北原白秋）

　「自然観察者はその人自身が自然であり，その言行が亦自然であらねばなるまい。その人の生涯そのものが。」
　白秋の言葉を借りれば上記のように言える。このようになったとき自然観察は即自己の生き方に反映することとなる。いや反映というよりも自然観察そのものが自己の世界観そのものであり自己の生き方そのものとなる。このような「自然観察」＝「自己の生き方」となるような「自然の観方」とはどういうことかを先人の言葉に学びながら改めて問い直してみたい。

1．自然観察は観方の問題

> 野原を見て美しいなあと思う人がいる
> 美しいとも何とも思わないで野原があるぞとだけ思う人がいる
> 「美しい景色」って，眺める人の心の中にあるみたいだ　　　　　　（小泉吉宏）

> 美しいものを美しいと感じる　あなたの心が美しい　　　　　　（相田みつを）

　この宇宙に銀河系が誕生して約100億年，その銀河系の中にある約2000億個の恒星の一つである地球が誕生してから45～46億年といわれている。自然は地球が誕生する以前から今に至るまで何ら変わりなく存在し続けている。コペルニクスが他動説を唱え，ニュートンが万有引力を発見する以前から，ウェゲナーが大陸移動説を唱え，ダーウィンが進化論を唱える遥か以前から自然はまったく変わりなく現在と同じいとなみを続けているのである。その自然のいとなみを科学的に見たときに様々な法則が発見され，また芸術的に見たときには詩が生まれ，絵画や歌が誕生した。つまり，自然という悠久不変なる存在を前にしてそれをどう見るかにすべてがかかっているのである。自然観察とは自然の問題ではなく観察者側の問題である。それは感じ方，見方，受け止め方，とらえ方，解釈の仕方，考え方の問題である。

　自然をどのように「観察」するのか。「観察」が深まっただけ自然の真の姿が見えてくるのである。

2．真に「観察」するとはどうすることか

　自然を観察するとは，まず五官をするどく働

かせることである。五官つまり眼耳鼻舌身を働かせるとは、五つの器官を通して感覚を働かせることである。つまり五感を働かせるとは、感覚の背後にある心を働かせることなのである。

> 心ここに在らざれば、視れども見えず、聴けども聞こえず、食れえども真の味を知らず。　　　　　　　　　　　　（大学）

五官も心の支配下にあるのであり、結局は心で観ることなのである。つまり観察は心の働きにかかわる問題なのである。

> 狭義の観察は、自然のままの状態で対象を注視すること。
> 広義の観察とは、「能動的に対象を注視することによってもたらされる知覚の集中」であって、比較・判断・選択・整理・分析・抽象といった悟性的な思惟の作用をふくんでいる。（井尻正二「科学論」）

観察の本義はここで云う広義の観察であり、思考することそのものである。つまり心の作用を含んだ概念なのである。心をどのように働かせ、どのように観ることが真の観察につながるのかが問われるところである。

> 単に物を外から観る態度即ち傍観の態度では、科学はほんとうの科学にはなりきれない。どうしても傍観が転じて「自観」の立場に来なければならないのである。いわゆる自然を観るにしても単に外から自然を眺めているのでなく、自然の中に入って「自」としてながめるのでなければ、ほんとうの観るということにはならないのである。

> 傍観と自観とが回互転換すれば、ほんとうに観るということが現成する。
> 傍観自観が一如になって「観」が現ずるところに、科学と宗教が一体となる契機があるのである。（橋田邦彦「我観正法眼蔵」）

> 世間にて山をのぞむ時節と、山中にて山にあふ時節と、頂にん眼晴はるかにことなり。（山は、外の世間から眺めるのと、山中に入って山にあうのとは、山の姿は、全く異なるのである。）　（道元「正法眼蔵」）

自然観察においては「木を見て森を見ず」ということに陥りやすいものである。つまり目の前の個々の事象には目が行くが自然の全体性に対しては心を向けないことが多いのである。しかし見方を変えると、一般的には自然を外見的にとらえるが、その中に入り込んで本質までとらえようとはしないのである。少し距離を置いて森を外側から眺めてはいるが、森の中に分け入って森を構成している木を見ない、つまり本質をとらえようとしないのである。道元の云う「山中にて山にあふ時節」、山に入って、山と一体になって山をとらえようとすることが忘れられている。木と森を同時に観ることが本質に迫る道である。

3．観察は本質を見抜くこと，核心に迫ること

> これ知ってるかいと、ある子供に、私は青い檜の葉を示した。葉っぱだい。これはと、また畑の蕪の葉を指した。葉っぱだい。子供の答は簡単極る。葉っぱだい。全く葉っぱに違ひない。私はつくづく檜の葉とか蕪の葉とか分類しなければならぬ大人の智恵を恥じた。子供こそ物の真の本質をつか

> んでいる。　　　（北原白秋「童心」）

> 　物を見る目には，"観の目"もあれば"見の目"もある。
> 　観の目は物の生命を洞察し，見の目は物の皮相に触れるに止まる。　（宮本武蔵）

木を見るとする。地面から根が盛り上がり幹が立ち，枝葉を広げ，時には花や実を付けているのを見る。個々の事象からの情報をとらえ集めているに過ぎないのである。その情報はその時の事象をひとつひとつ言葉に置き換えてとらえている。それは木という物を概念でとらえているのであって，木そのものを真に観察したことにはならない。概念的な見方ではなく，そのものの本質に触れるよう見方を探りたい。では，木の本質とは何か。目の前の木をどれほど眺めてもそれは木の現時点の姿現象を見るに過ぎない。またある角度から見たときにはその角度からの木の姿しか見えない。さらに木は季節によってその姿を変える。たとえ季節変化をこまめにとらえたとしても，1年間一瞬も逃さずに木を見続けることなど不可能である。また木の内部で行われている生命のいとなみを見る事はできない。その木を切って内部を観察しようとすれば，切ったとたんにその木は生命を失い，生きて活動する木そのものを見る事はできなくなる。木をどんなに詳しく分析して見ても木の生命は見えてこない。真に生きて成長している「木」をとらえるには，別の観方が求められるのである。

> 　僕は素直になってそのものを見ることにより，明暗を越え，現象を越えて，そこにほんとうに木が生えているのを見，ほんとうに飛ぶ雲を見た。（林武「美に生きる」）

> 　老いて二度童子（わらし）になったどろ亀さん
> 　科学者の目を落として森の中へ
> 　見える見える　よく見えてくる
> 　今まで気づかなかった　森の中の小さな美しいデザインも…　　（高橋延清）

> 　松は松，竹は竹，山はまさに山として如如堂々として其処に在る。我々はときに松から「松」という名を奪いとったところで松に対し，「富士」という名を奪いとって富士山に直々に対面することが必要である。　　（唐木順三「良寛」）

観察とは物事の核心・本質・真髄に迫ること，現象の奥を見抜くこと，つまり目では見えないものを観ること，勘を働かせること，直観的に洞察すること，心眼で観ることなのである。

> 　「花を一面から見るだけでなく，右にまわって描き，左にまわって描き，背後から，真上から，下から，つまりあらゆる角度から描く。朝に，昼間に，否，あらゆる時間に，雨に風に，さらにはつぼみに，そして散った後に，しおれたときに描く。描きかつ観察するうちに，花は意識の深層にやきついて，もはや花を直接見ないでも，まぶたから消えない花に至る。花のあらゆる角度，あらゆる時間の観察を重ね合わせて，花の生命と描く人が一致し，あるいは画家が花になりきることを以て極致とする。」　　（東山魁夷）

> 　物となって考え，物となって行う。
> 　　　　　　　　　　　　（西田幾多郎）

> 雀を観る。それは此の「我」自身を観るのである。雀を識る。それは此の「我」自身を識る事である。雀は「我」，「我」は雀，畢竟するに皆一つに外ならぬのだ。かう思ふと，掌が合はさります，私は。
> 　　　　　　（北原白秋「雀の生活」）

現象の奥にある本質を観じとり，真髄をとらえることが観察の真義である。この辺りのことについて触れている先人の言葉を味わってみたい。

> 晴れてよし曇りてもよし富士の山　本の姿はかはらざりけり　　　（山岡鐵舟）

> 青柳のいとの中なる春の日に　つねはるかなる形をぞ見る　（十牛図，見牛）

> 　自己をはこびて萬法を修証するを迷とす，萬法すすみて自己を修証するはさとりなり。
>
> 　佛道をならふといふは，自己をならふ也。自己をならふといふは，自己をわするるなり。自己をわするるといふは，萬法に証せらるるなり。萬法に証せらるるといふは自己の身心および他己の身心をして脱落せしむるなり。　　　（道元「正法眼蔵」）

> 　一箇の此の「我」が，此の氽い大宇宙の一微塵子であると等しく，一箇の雀も矢張りそれに違ひは無い筈です。霊的にも，肉的にも。一箇の雀に此の洪大な大自然の真理と神秘とが包蔵されている，としたならば，無論，其の荘厳された雀はそれ一箇が，既に立派に此の大自然の生命，若くばその生活力の顕現と見て差し支へない筈です。立派な象徴だとも云へます。
> 　　　　　　（北原白秋「雀の生活」）

> 薔薇の木に
> 薔薇の花咲く，
> なにごとの不思議なけれど。
> 　この私の短い詩を見て，何が面白いと云った人が居る。あたりまへだと云ふのである。あたりまへには違ひはないが，冬の枯れすがれた薔薇の木の小脇からあの真紅な薔薇の花が咲きひるがへる目の前の不思議さを，ただあたりまへと見る事ができようか。何でも無いといふのはあまりに霊が鈍っている。私はハッと驚いたゆえ涙がながれた。頭がしぜんと下って，この世の神心の前に掌を合わせたのである。
> 　　　　　　（北原白秋「洗心雑話」）

> 聞くたびに珍しければほととぎす
> いつも初音の心地こそすれ　　　（古歌）

> 季節ごとうぐいすの声聞くたびに
> 心新たな心地をぞする　　　　　（古歌）

> 一期一会
> （この世に同じものは一つとしてない。全て違うのである。だから今，目の前で出会っている事物現象はこの世でただ一度きりの出会いなのである。）

> 　92歳の日本画家，松こう氏は毎年春を待ちわびて梅の花の写生に出かける。若い頃からの写生は膨大な量になるし，知りつくしたはずのものを何故，思われるであろう。「画家にとって，対象となるものは，己の

> 鏡。去年と同じ梅に見えれば己の深まりは足ぶみしていた事になる。…同じ対象に対するイメージは，作家側の折々の在りように依って変わるし，年輪に依って更に深いものとなるはずである。」
> 　　　　　（上村淳之，読売，1995，3，10）

> 苟に日に新たに，日日に新たに，又た日に新たなり　　　　　　　　　　（大学）

> 全体によって活気づこうと欲するならば，全体を極小のものの中にも看取しなければならない。　　　　　　　　　（ゲーテ）

> 一輪の野菊のいのちが見えた人には，世界中の花のいのちが見えている。
> 　　　　　　　　（小林大二「いのちのうた」）

> 事事無礙（じじむげ）…事物，事象が互いに何の障げもなく交流，融合すること。いわゆる「一即一切，一切即一」で宇宙の中のすべては互いに交わり合いながら流動しており，一のなかに一切を含み，一切のなかに一が遍満している。　（華厳経）
> （一滴のしずくの中に宇宙が宿っている）

> 存在一性論…例えばいま眼前に咲いている花を花として見るのは妄念の働きにすぎない。本当は，花を花として見るべきではなく，花を「存在」の特殊な限定的顕現形態として見るべきなのだ。つまり花という現われの形のかげにひそむ唯一の真実在，「存在」の姿をそこに見なければならないのである。（花が存在しているといわず，存在が花しているという。）
> 　　　　　　　（井筒俊彦「意識と本質」）

> あかちゃんが　しんぶん　やぶっている
> 　べりっ　べりっ　べりべり
> あかちゃんが　しんぶん　やぶっている
> 　べりっ　べりっ　べりべり
> あかちゃんが　しんぶん　やぶっている
> 　べりっ　べりっ　べりべり
> かみさまが　かみさま　している
> 　べりっ　べりっ　べりべり
> 　　　　　　　（まどみちお「あかちゃん」）

「かみさまが　かみさましている」という意味は「存在が花している」に通じ「花は紅柳は緑」「眼横鼻直」「山高水長」などにも底通しているのを感じる。自然を観察するとはどういうことかを問い直すべく先人の言葉をたどりながら考えてみたが，それは万物の存在を問うことであるとともに，自己の存在を見つめ直すことでもあった。自然観察の無限の深みを感じつつ，今そのほんの入り口に立っただけであることを痛感する。

> 形見とて　何か残さん春は花
> 　山ほととぎす　秋はもみじ葉
> 　　　　　　　　　　（良寛の辞世）

この歌に託された良寛の心を尋ねるところに自然観察の真髄があるような気がする。春夏秋冬，日々変化している自然のなかに，悠久不変なるものを観ている良寛は，いったい何をとらえ，何を後世の人々に伝えようとしているのか。

> 春は花夏ほととぎす秋は月
> 　冬雪さえて冷しかりけり　（道元）

道元のこの歌も実に平凡な季節の変化を並び立てたものであるが，この歌の題が「本来の面

目」という正に本質，核心，真髄に迫るものであることを暗示している。自然の真髄と人間のあり方の真髄とがこれらの歌のなかで重なって表現されているのであろう。

4．自然観察に期待するもの

　観察という行為は自然科学に限ったものではなく，芸術の分野でも哲学宗教の分野でも必要なものであろう。しかし，観察の内容や質についてはその目的に応じてずいぶん異なる。ただ，共通して言えることは，観察は事象の本質，真髄をとらえんがための行為であるということである。そして，観察者の力量によって同じものを観察しても見え方は違ってくるということである。つまり，観察者側の観察力を磨かなければ，いくら観察を繰り返し積み上げても事象の本質には迫れないのである。そこで観察力を付けるにはどうすればよいかが問われる。観察の質が高まるに従って本質への深まりが期待されるのである。以下に〈真の観察力〉をつけるための5つの視点を挙げる。

①感性を磨く
　脱力しリラックスして心が解き放たれ開かれているときにこそ，感性は最も研ぎ澄まされて機能を発揮する。いつもこころを軽く明るくしておくことが大切。

②集中力を養う

> 墨絵の名人境…十年間じっと竹を見つめよ，汝ら竹となれ，それから一切を忘れ，そして描けと。
> 　　　　（オイゲン・ヘリゲル「弓と禅」）

一体になり，無心となることによって，心がどこにも執着しないで自在性を得ること。これが真の心の集中である。

③洞察力を深める
　水も氷も水蒸気も同じ水であることを見抜く目を持つこと。様々な自然物の奥に底通するものを見極める心眼を磨くこと。

> 衆器の一金たることを明きらめ，万物を体して自己となす。
> （様々な金物類はそれぞれに形は違ってもみな同じ金からできていることを明きらめ，一切の万象がそのまま自分であると体得することである。天地我と同根，万物我と一体なり。）　　（十牛図，見跡）

④無心，直心，純心，童心，清明心，虚心になる
　先入観や偏見のない純粋な目であるがままの姿を見つめることが大切。

> 無垢というのは　よごれていない　ということではない。
> よごれてもよごれず　よごされてもよごれないということだ。
> 　　　　（佐久間顕一「無心の世界」）

⑤柔軟心，自由自在心（フリーマインド）を持つ
　無心に成りきったときの結果として何にもとらわれることなく，柔軟に自由に心が解放されるのである。こうなってこそ真の観察ができるのである。

　「自然を観察する」ことは結局のところ自然という鏡を通して自己を見つめること。つまり「わたしがわたしに出会うこと」なのである。

素直な心に成りきって自然を観るとき，自然の真髄がそして真の自己が観えてくるのである。

> 学問とはいったい　なんなのだろう。
> どろがめ先生と知り合ってから，ぼくは時折思うようになった。
> 学生時代，ぼくは周囲から本を読め読めと言われ続けた。
> 親にも言われたし，教師にも言われた。
> 本につまっている無限の知識，それらを可能なだけ頭に入れることが，学問することだと思い込んでいた。
> どろがめ先生がある日言われた。
> なんもな，倉さん，知識は知識さ，本書いたやつの知識にすぎんのさ。
> 直接知ること。現実から学ぶこと。
> それに比べたら，本は便利すぎる。便利すぎて残らん。
> 知っても感動せん。
> 科学も芸術も，もとはと言えばさ，びっくりすることから始まるんだべさ。
> だから，最近は本読まんのさ。買うには買うが，しまっとくのさ。
> 自分で見聞きして，とことん観察して，最後に本開くのさ。
> なるほどなあって感じ入るだわさ。
> 時間はかかるが，学ぶってことはさ，本来そういうもんなんでないかな。
> 　　　（詩・倉本　聡，高橋延清，「森と老人」
> 　　　　　　昭和60年6月9日NHK放送）

> 　子供が，生まれつきそなわっている探求心を保ちつづけるためには，私たちが住む世界の，歓び，驚き，神秘などを子供と一緒に再発見し，経験を分かち合ってくれる大人が，少なくともひとり，そばにいる必要がある。　　　（レイチェル・カーソン）

クサギ

「一体観」を考える

1．今，自然の見方が問われている！

　人類の歴史の中で現代ほど人と自然とのふれ合い方が問われている時代はない。科学の発達によって自然の見方は大きく変わった。人間は自然を研究して法則を発見し，それを応用してより便利で快適な生活を追求し続けてきた。その結果，自然を物と見たり，資源としてとらえて利用することばかりに力を注ぎ，自然に対する謙虚さを失った。そして現在，地球環境問題，臓器移植やクローン人間などの生命倫理問題など人間の傲慢さから来る問題が人類の前に立ちふさがっている。今こそ私達は，自然をどのようにとらえ接していけばよいのかを真剣に考えなければならない時に来ている。つまり現代人の持っている自然観そのものの再検討が迫られているのである。「自然との共生」「自然との調和」などと言葉できれい事を並べ立てるばかりではなく，具体的に一人一人が自然というものをどのように考えどうかかわっていくのかが問われているのである。

　科学の知見を確認するための自然観察に終始することなく，自己の自然観を磨き上げるための自然観察が望まれるのである。

　エマソンは言う。

> 「昔の人びとは，面と向かって，神と自然とを見た。われわれは，彼らの目を通して見ている。なぜ，われわれも宇宙に対して独自の関係を持たないのであろう。なぜ，われわれは伝来のものではなく，直感の詩と哲学をもち，先祖の宗教の歴史ではなく，われわれに啓示された宗教をもたないのであろう。」
> 　　（エマソン選集「自然について」1836年）

　科学的に自然を分析して見ていくことも一つの見方である。しかしもう一方で分けることなく全体を一つとしてまるごととらえる見方も大事である。一方にのみ偏することがよくないのである。バランスが大切なのだ。そこで現代に欠けている自然への畏敬の念を持ちつつ自然との一体感を深めることが極めて重要であると考える。「自然観察」を通して一体感を深める方向を目指し，さらに「自然との一体感」の深まりが自己の変革へとつながることを願って実践を積みたいと思う。

2．「一体観」とは何か

　自然は本来分けることのできない全体性を持って存在している。

　人間のからだは様々な内蔵器官からできているように見えても，一人の人間としてはまるごと一つであって，各器官ごとに切り離されてしまってはもはや人間ではなくなってしまう。様々な器官に分かれているかに見えるが，それが全体として一つなのである。各器官に分けてとらえるのは科学の見方であって，元来あくまで切り離すことのできない一つの存在なのである。科学の発展によって私達はものの存在を分けてみる見方に慣らされてきている。むしろ分けないと見えなくなっていると言ってもいい。また科学に限らず私たちの認識そのものがものを分けてとらえるようになっている。言葉による思考そのものが，本来一つのものを分けて，それに名前をつけて言葉で表して意識化するのである。言葉の上にもそれははっきりと表れている。「わかる」とは「分かる」であって分けてとらえることを示している。また「分別する」も分け別（わか）れることであり，判断とはものを半分に断ち切ることであり，分析とは分けて

析(さ)くことであり，理解とは理(すじめ)にしたがって分解することである。つまり，我々が物事をとらえること，認識することの前提として分けるということがあるのである。

しかし，ものの実在，真実の姿，ありのままの事実というものは，分けたとたんにその本来の姿は消え去ってしまうのである。では物事を分けないで見る見方はないものか？それはある。論理によらないとらえ方，つまり「直観」である。自然というあまりにも壮大な存在の全体性を一目で観ることができるのは「直観」以外にはない。

渾然一体として存在しているものを分析して部分に分けてとらえようとすることに長じているのが西洋であるのに対して，元来総体を成しているものを分解することなくあるがままの一つのものとしてとらえようとするのが東洋の見方の特徴である。西洋が二であるのに対して東洋は一であるといえる。西洋はまず主観と客観とに分かつことから始まる。東洋は様々に分かれて存在しているかに見えるものの本質を直観的にとらえその本来の一なることに返ろうとする。そこに，一体感の深まりが求められてくるのである。このように世界のあらゆる物の根底を洞察することによってすべての存在が本来一体であると観る考え方が「一体観」である。その一体観によってあらゆるものと自己が一体であるとの実感を得ること，体得し生命化していくことを「一体感」と表現する。

3．総合的な見方と一体観

元来一つであるものが人間の自我意識によって二つに分かれ，さらに意識の発達によって周りのものを細分化してとらえ，無限に分けていく科学の方向とは逆で，木に例えると幹が枝に分かれさらに先端にいくに従って小枝に分かれてより細やかになっていくようなもので「分化」の方向である。それに比して，一体感の方はたくさんの小枝が束ねられて太い枝となり，さらにそれらの枝が一つになって一本の幹となり，その幹も根となって大地と一つになっていく。これが一体感の方向である。一体感を深めていくには細かいところの違いにとらわれることなくいわば大ざっぱに観て，細部は捨象し，本質の共通なるところに焦点化していく方向性とも言えよう。表現形態に惑わされることなく，その本源に目を向けることである。枝葉末節ではなく根幹を観ることである。今，教育が積極的に総合的な学習を取り入れようとしているのは「分化，分析，部分」とは逆方向の「融合総合，全体」の方向の考え方の重要性に気づき，今後の子ども達に欠かすことのできないものの見方だからである。総合化が進みすべてのものが融合合体してくれば，あらゆるものが一つになりおのずと一体化してくる。つまり，一体観は総合の延長線上にある究極点であるとも言えるのである。

分析と総合，部分と全体，多様性と一様性，多と一といった対立的な見方はものの存在を分けることによって起こってくるのである。

4．「一体観」の根底には「自然観」がある

一体感を深めるといっても，何と一体となることかが最大の問題となる。言葉の上では「自然との一体感」と表現するが，その「自然」とは何か，その一体となるべき「自然」は如何なるものかを明確にしない限り，一体化することの意義や意味がわからなくなるのである。つまり自然と自己とを一体と観る「一体観」の根底には自然をどのようにとらえるかという「自然

観」が問われることになる。そもそも一体観というとらえ方が出てくるのは人間をも含めた天地万物を司る超越的な存在を直観的にとらえる東洋的な自然観からであって，自然を物と見る西洋的な自然観からは一体観は生まれてこない。だから西洋的自然観を持ちつつ一体感を深めようとすればまったく道を誤ることになる。一体観は自然観と切り離すことのできないものである。つまり，一体感を深めていくということは自然観を深めていくことであるとも言える。

では一体となるべき「自然」とは何か？これはあまりにも大きな問題であり，人類の最大の問題でもある。世界中の人々が科学・哲学・宗教などの様々な分野からそれを求め続けてきた。自然科学は自然を物質的な側面から追究してきたし，自然哲学は科学が出現する以前から自然そのものの存在を問い続けてきた。また宗教は自然を神や仏として崇拝し畏敬の念を抱いてきたわけである。これらの人間のあらゆる活動の所産が文化を築き上げてきたのである。そして未だに自然を解明しつくしたとは言えず人類はこれからも永遠に求め続けていくことになろう。広大無辺な宇宙という舞台の中に規則正しく運動する星々を散りばめ，その無限の数の星のたった一個に地球という水と空気を持った星を創り，微生物から人間に至るまでの多種多様なる生物という存在を住まわせた自然。私達は謙虚になってもう一度この自然から素直に学び，自然への参究を続けていかなければならないのではないだろうか。宇宙的視野に立って地球という星の中の自分を眺め，その存在意義を問うことが求められているのである。一体観を深耕するためには宇宙からの目が必要である。宇宙から地球を見れば地球上のものはすべて一体化しているのであり，地球全体が一つの有機的統合体として見えてくることであろう。日本人初の宇宙遊泳をした土井隆雄さんは山折哲雄氏のインタビューに答えて「宇宙は目的をもって創られたものであり，その全体が神のように感じられた。」と語っている。（平成10年3月4日，読売夕刊）

5．「自然概念」の質的変容

西洋の「Nature」は自然界にある自然物全体を総称した言葉であり，東洋的には森羅万象・天地万物・山川草木・山河大地・万物・万有・天地・天理・天然・天性・天賦・天則・天真・造化・宇宙・創造などに当たるものであり，名詞として使われている。それに対して日本では古くから「自然」は「おのずからの」「おのずからに」という意味で「自然の」「自然に」というような形容詞や副詞として使われてきた。元来は「おのずから」という意味であった「自然」が明治30年頃から名詞としての「自然」に代わってしまった。この辺りから日本人の自然観が変化してきたのである。

相良亨氏によれば

> 『「おのずから」は語源的にいえば「己つから」であり，「から」は「生れつきの意」であるといわれる。すると，「おのずから」は，もともとある主語的存在があり，その様態，その動きについて，それが他の力によることなく，その存在に内在する力によってなることを意味するものである。』
> （相良亨著作集6「超越・自然」1995年）

つまり，形容詞や副詞に使われているということは主語的存在の運動や様態を表していたわけだが，名詞として使われ始めるや上記の西洋的

な自然概念となり，いつの間にか主語的存在は忘れられつつある。さらにまた，「おのずから（自ら）」は「みずから（自ら）」とも読み，「おのずから」は「みずから」と一体のものとしてとらえていた。このような宗教的自然観にたって「自然」を観たときには「しぜん」と読まずに「じねん」という。親鸞の「末燈の　自然法爾章」には

> 「自然(じねん)といふは，自はおのづからといふ，行者のはからひにあらず，然といふは，しからしむといふことばなり。しからしむといふは，行者のはからひにあらず，如来のちかひにてあるがゆえに，法爾といふ。法爾といふは，この如来の御ちかひなるがゆえにしからしむるを，法爾といふなり。」

ここでは主語的存在が如来となっている。

上記のように西洋の「Nature」は対象化された自然物や自然現象などの「もの」や「こと」を意味するのに対し，日本や東洋の「自然」は「ものやことのあり方」や「存在の様態や状態」を意味する言葉であり，2つの言葉には意味のずれがあることを認識しておく必要がある。一体観を生み出す自然概念は「自然＝じねん＝おのずから＝みずから」の構造である。自然と自己の一体感はこのような自然観・自然概念から導き出されてくるものである。このような意味でも西洋的自然観のみの自然認識を見直してみる必要があるのではないだろうか。

6．自己認識と一体観

自己が自然と一体のものであるとの見方が一体観であった。自己が自然とまったく一体化してしまった時，そこには自己が無いということになる。自己即自然。逆に言うと自然即自己，つまり自然すべてが自己となるともいえる。

「自己認識」と「一体観」は「西洋的自我」と「東洋的無我」の問題である。自我の確立，主体性，アイデンティティーなどの個我の確立に力を入れてきた西洋。それに比して東洋では自我を捨て，無我の境地を求め，無為自然をよしとする。己を虚しくして完全に無私になったとき「みずから」が「おのずから」となって最高の働きが発揮される。そこには個我を超越して自然と一体となった大我，超個の個が顕現するのである。自己を掴むか，自己を捨てるか，まったく正反対の方向にある西洋と東洋。この2つをどのようにとらえて融合することができるのであろうか？

今日，教育は主体性の確立を求めて生きる力を付けることを大きな課題としている。自己認識を深めることを通して自己の確立を目指しているのであるが，自己というものをさらに深く追究していったときに個我を支えているところの真の自己つまり個我を超越した自己が見えてくるであろう。例えていえば，大海に浮かぶ島々が個我であれば，海面から上は個々ばらばらで離れているように見えるが，海底ではどの島々も大地，つまり超我につながっているのである。現象的表層的な部分で見るか，真相や根元的な部分にまで深めて見るかの違いなのであろうと考えている。自己認識をぶち抜いたところに個我は消えて一体観が広がりをみせるのであろう。

いずれにせよ「自然観察が自己の生き方にかかわるものでありたい」と強く願って「一体観」というものの価値を再認識したいと考えている。

7．国際教育と一体観

　国際教育の方向性には2方向がある。遠心的な方向として異文化理解や国際交流，外国語学習などが挙げられる。一方，求心的な方向として自国文化・伝統の理解や尊重，継承がある。ともすれば遠心的な方向に走りがちな現在の日本の国際教育において，遠心方向と求心方向のバランスを保つことが健全な国際教育を推進する上で極めて重要なことである。そこで自国文化の理解を深め体得するための教育の在り方にも焦点を定め，その具体的な方法を探っていくことも重要であると考える。

　世界の文化・思想・宗教を大きくみれば，西洋と東洋という2つの特徴ある文化圏としてとらえることができる。科学技術を生み出した西洋，精神性を重んじる東洋，それぞれに特徴のある文化を発展させてきた。しかし地球環境問題が深刻化する中で今後人類は物的な発展のみの追究では済まなくなりつつあることを世界の人々が自覚し始めた。そして西洋の人々が東洋の精神文化に注目し，その重要性を認識して西洋文化との融合を図る動きが各分野で見られるようになってきている。私達は東洋の文化圏の中にいるがために返ってその価値を見失っており，明治以後今日に至るまで西洋崇拝の思いを持ち続けているのが現状である。今後は東洋の精神文化の価値を見直し，東洋のよさを生かしつつ西洋文化との融合，調和を図り，西洋・東洋がともにそれぞれの文化を基盤としながらも相互に高まっていく道を歩まなければならないと思う。教育はそれを推進する原動力となるだけに，東西の融合調和の方向を真剣に模索しなければならないであろう。そこで一歩踏み出さなければならないことが，東洋的な見方の特徴の自覚である。日本はインド・中国・韓国などアジアの様々な文化の伝搬の最終地であることによって多様な文化を包容しつつも日本化してきたところに特徴がある。その日本文化のよさを認識し，ものの見方・考え方に生かしていくことも忘れてはならない日本人の使命であると思う。

　その一つとして「一体観」がある。特に環境教育の重要性が叫ばれている今日，自然と人間との関係を改めて問い直さなければならない時であるだけに，一体観の価値が再認識されなければならない。自然科学は自己から自然を突き放し対象化して見るのには秀でているが，自然と自己とを結びつけ一体化して見る東洋の見方も人類にとって非常に大切なものの見方である。東洋的なものの見方のよさをはっきりと自覚し，それを適切な場面で生かしていくことが自国の文化を発展させ，ひいては世界の文化に貢献する道でもあると考える。西洋と東洋のよさが互いに生かし合えてこそ国際教育の意義があるのである。

　国際教育を推進していくにあたっては，各国の文化の独自性を尊重するとともに，人類としての共通性にもより一層目を向けていくことが大切である。特に環境教育の視点に立てば人類は一丸となって進まなければならない時である。ここにも人類が一つであるとの一体観が働いてよい。

8．自然との一体感を深めるために必要なこと

①共感する，感動する，感情移入する，思いやる，感応道交する
　・自然と親しむ
　　自然とのふれ合いの喜びを感じ，のんびりと心の安らぎを味わう時間

(自然散歩や自然観察園での自由な観察)

②生命や崇高なものへの畏敬の念を養う
　・当たり前の中に不思議を感じ発見する。
　・いのちを実感する
　・生きることを見つめる

③集中力をつける
　・静けさを味わう(聴く力をつける)
　・心を落ち着かせ，黙って行う
　・一人での活動
　　(自然観察はあくまで一人でやるものであり，形は集団で活動していても自己と自然との交わりあるのみである。)

④直観力，直感を磨く
　・詩に表現する

⑤素直な心，純粋な心，童心，無心
　・鏡としての心
　・「聴く」こと，直心，誠，素直に観，驚く心

9．先人の一体観に学ぶ

　老荘思想における一体観「無為自然」と「万物同一論」

「昔は之れ一を得る者ありき。天は一を得て以て清く，地は一を得て以て寧く，神は一を得て以て霊に，谷は一を得て以て盈ち，萬物は一を得て以て生き…」
　　　　　　　　　　　(老子，39章)
　老子は万物の根本となる真理を「道」と名付け，その「道」をまた「一」と呼んでいる。もともと一つのものを二つに分けるという人為を加えることを避け自然でありのままを良しとする。「道は常に無為にしてなさざるなし。」(37章)
「学をなせば日に益し，道をなせば日に損す。これを損してまた損し，もって無為に至る。無為にしてなさざるなし。」
　　　　　　　　　　　(48章)

　荘子は一切の人知をしりぞけ，相対的価値観を否定し，大自然の中に融化する自己の真実在をとらえよと説く。真の知とは，事物に些かの差別も設けず，何ものにも執着を抱かず，大自然の中に合一し，無心に順応するところの，無限に自由な魂そのものであるという。行為者の自他合一は，ここにおいて万物の生命との融合となり，一切の人間的成心を否定することによって，宇宙の根元的な自由に合同帰一することとなるのである。
　　　(「新釈漢文大系，荘子」の解題)

内なる自然の自覚と行為

1. 見方によって世界が変わり，生き方が変わる

　私達は自分がこの世界をどのように見ているかということについてあまり関心がなく，立ち止まって考えることもしない。しかし，私達を取り巻く世界や自然をどのように見るかは，その人自身の生き方や人生のあり方を無意識の内に規定するものである。その人が自然をどのように見ているかによって，その人と自然とのかかわり方がおのずと決まってくる。さらにはその時代の自然観がその自然観に即した世界を創造し，そのように世界を変えていく力を持つのである。現代の地球環境問題がここまで深刻化した原因は，自然を物としてとらえ，また自然を人類の快適生活に役立つ資源であるとみて，自然を征服し，開発していった結果である。科学的自然観が人と自然との正しい在り方を崩していったようにも考えられる。アニミズム的自然観を持っていた時代と科学的自然観が形成され確立していった時代では，自然そのものに大きな変化が生じてきている。もちろんその時代に生きる人々の生き方も大きく変化している。このように世界観や自然観が我々の生き方や社会の在り方に大きな影響を及ぼすことは歴史が証明している。今やクローンや臓器移植など生命の本質に迫る技術が発達し，それらの技術をどのように人間社会に活用し受け入れていくかを科学を超えて倫理や哲学の問題，生き方の問題として，私達一人ひとりが真剣に受け止め考えなければならない時期に来ている。

　私が願う自然観は，調和した世界としての自然のとらえ方である。調和的自然観が調和した世界を形成していくことを信じる。それは自然淘汰，適者生存のダーウィニズムが競争社会を創造した如くである。調和的自然観は人々に調和した行為をもたらすのである。自然を弱肉強食の競争世界，物の世界と見るか，調和した共存共栄の世界，生命の世界と観るかは大きな違いである。局地的，短時間的にとらえると一見競争社会に見える自然の世界も，全体的，長時間的に観ればお互いにバランスを取りながら相互に生かし合う平和な世界である。どのような自然観を持つかがその人の自然とのかかわり方を決めていくのである。

2. 知ることと行うこと

　そもそも「自然観察」は何のために行うものか，何を目指しているのか，自然観察の意義を考え明確化しておくことが極めて重要である。

　「自然観察」の意義は，科学的知識を習得して科学者を養成するための活動ではなく，自己と自然との関係性を深く思索し，健全なる自然観を構築することによって自己の生き方に反映させ，他の人々とともに充実した人生を過ごすための根本的活動であると私は考えている。しかしそれは自己の人生の充実のみを考える自己中心的活動でも，他の多くの生物を省みない人間中心主義でもない。自然観察が深まり，自己の存在がすべての生物，自然界全体と深くかかわり，一体となって存在していることを深く自覚するに至っては，自然界全体との調和なくして自己の人生の充実はあり得ないことが分かる。

　「自然観察」は自然についての物知りを養成するための活動でもない。自然を知り，学んだことが行動化され生かされなければ意味がない。単なる教養や趣味としての自然観察に留まることなく，知ることが行うことと結びついてこなければならないと考えている。

　知ることが行うことと一つになるためには，

知り方が重要である。体験的な学びを通して，感じ，考える過程を経て真に深く知るのである。その深さが行動化する原動力となる。行動化せざるを得ないまでに深く知るのである。自然観察は知ることと行うことが一体化していくためになされるものである。

そのためには自然を総合的に観る必要がある。

3．自然を総合的に観る

自然は原子から宇宙に至るまで広大無辺な存在である。その自然をどのようにとらえどう観るかが自己の生き方や行動に結びつく鍵であると考える。科学のみが自然の見方のすべてではないことを認識し，広く総合的に自然を観ることが大切である。総合的とは多面的，関連的，長期的，本質的，全一的に観ることである。

自然を総合的にとらえるということは，物としての自然の探究とともにそれをとらえ受け止める側の心の問題が同時に語られなければならない。自然の「ありよう」を極める科学と自然の「あるわけ」を問い求め考える哲学，そして自然の美しさを享受し表現する芸術，自然の絶対力を信じ崇高さ尊厳さをもって接し信仰する宗教，これらが調和してこそ自然を総合的全体的にとらえることになると考えている。自然を観ることが行為と結びつくためには，このようなバランスの取れた総合的な自然の観方が是非とも必要なのである。しかし，これら科学的，美的，哲学的，宗教的な観方は決してばらばらなものではなく，相互補完的なもので本来渾然一体を為すものである。言葉に表現すると限定されるだけである。

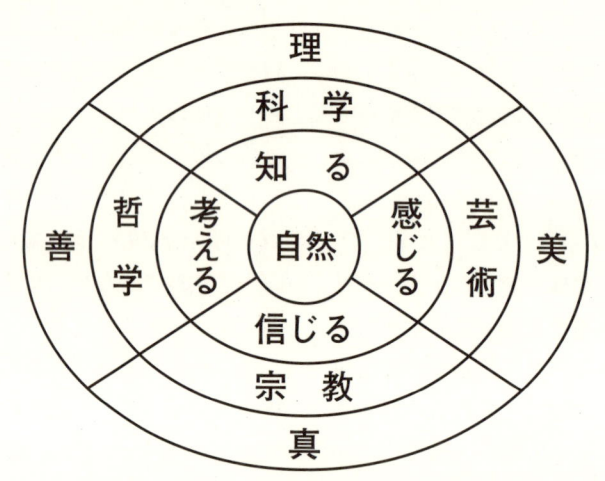

```
知る・・・・物のありようの探究とその利用                （科学，技術）
感じる・・・情緒，感性を磨く。自然美を享受し表現する      （芸術，美術）
考える・・・物のあるわけを問う，意味，意義，価値を問う    （哲学）
信じる・・・崇高なものを敬う心，畏敬の念，謙虚さ，感謝，愛情  （宗教）
         任せ切る，任運，信仰，自然は真であり，善であり，美である
行う・・・・実践する，実行する，具現化する              （実生活，生き方）
```

4．内なる自然の自覚

（1）自分自身も自然

　自然といえば私を取り巻く外界であるととらえるのが普通である。しかし，少し深く考えるならば，この私自身の生命そのものも自然であることには違いない。つまり自然という言葉をあえてわかりやすく分けるとすれば，外界である「外なる自然」と私自身という内界の「内なる自然」を考えることができる。通常は自然といえば「外なる自然」のみを意識しがちだが，私の存在そのものが自然なのだから「内なる自然」をも考えてこそ自然の全体像を認識することができるというものであろう。私達は科学という主客に分けたところから出発する見方に慣れているがために，つい「外なる自然」のみに意識が奪われがちだが，自然との共生という言葉だけがもてはやされる今日こそ「内なる自然」の自覚が求められるのではないだろうか。

　では，人が「外なる自然」に対して為すいかなる行為もそれは「内なる自然」の行為，つまり自然のはたらきなのだとしてすべて許されてよいのだろうか？

　「内なる自然」が純粋にはたらき出るときはその行為も「外なる自然」と矛盾を引き起こすことはないが，人間には他の生物にはない自我や欲がはたらくことがある。するとそこに不純が生じ，「外なる自然」に対する行為が利己的，打算的となる。そうなるとみずからの行為はおのずからのはたらきではなくなり，我欲のはたらきと化してしまう。その結果が近年の地球環境問題であるといえる。私達は心を落ちつけて我欲を打ち払い，純真に「内なる自然」の声に耳を傾けなければならない。自己を見つめることによって「内なる自然の自覚」が深まり，その自覚の深まりに連れて純粋な行為がなされることとなる。

（2）おのずからということ

　「内なる自然」を考える折りに注意すべきことは「自然」という言葉の意味するところである。私達は概して「自然物・自然界・自然」というものを区別せずに無意識に使っていることが多い。この世界は石や空気，草木や動物，火や水などの多様な自然物で構成されている。さらにそれら自然物が個々ばらばらに存在するのではなく，相互に深く関連しながら自然界を形成している。その自然物を自然界たらしめているところの統一性・一貫性のある「自然」とは何か？日本では昔から「自然」は何物かを指す名詞ではなく，そのものの「ありよう」を示す言葉として「自然な」「自然に」というような形容詞や副詞として使われていた。また「じねん」とも呼んだ。西洋でいうネイチャーは自然物や自然界を指す言葉である。しぜん・じねん・ネイチャーとそれぞれにその文化や歴史を背負った言葉である。ここでいう「内なる自然」の自然はじねんに当たる「ありよう」を示している。自然とは「おのずからしかる」ということである。その「おのずから」が自己の内に働いていることへの自覚が「内なる自然の自覚」ということになる。

　「自然・自己・自由」この3つの言葉には「自＝おのずから」が共通して使われている。

> 自然＝おのずから然る（しかる）
> 自己＝自分＝おのずからを分かつ
> 自由＝おのずからに由る（よる）

　「自己」は「おのずからがおのれである」ことを暗示している。つまり「おのずからがみずから」なのである。先人はこのことを直観して

いて「自」という文字をおのずからともみずからとも読ませている。また自由とは勝手気ままではなく「おのずからによる」ことをもって自由とした。松はくねくね曲がるのが自由であり，杉はまっすぐに伸びるのが自由である。鳥は空を飛ぶのがおのずからであり，魚は水中を泳ぐのがおのずからの生き方なのである。

では，人がおのずからに生きるにはどうすればいいのだろうか？自然を観察することを通して「おのずからに生きる」ことの尊さを学びたい。

上記以外にも「自」（おのずから）を示唆した言葉がある。

「自」
　自我，自在，自信，自重，自尊，自主，自立，自得，自覚，自照，自適，

これらの言葉は「おのずから」の価値を表現し，「おのずからに生きる」ことを標榜している。これが日本文化に深く浸透している根本的な考え方である。

（3）天の思想

昔から中国の思想に「天」というものがある。天は自然という絶対的な存在を象徴的に表現したものといえる。「天」は「おのずから」に通ずるものである。

> 「天の命ずる，之を性と謂ひ，性に率ふ之を道と謂ひ，道を修むる，之を教と謂ふ。」
> （中庸）
> 「天は道に法（のっと）り，道は自然に法る。」
> （老子）

私達の日常語にも上記の「中庸」が示す「天」「性」「道」「教」を使った言葉が多い。たとえば，

「天」
　天命，天与，天賦，天分，天性，天意，天為，
　天真，天造，天授，天理，天道，天然，天機，
　天職，天運，天心

「性」
　性格，性質，性来，性命，性根，性能，性情，
　性理，人間性
　天性，品性，本性，自性，根性，仏性，神性，
　真性，心性，徳性，習性

「道」
　道徳，道心，道念，道真，道人，道交，道理，
　道場，道義，
　人道，大道，天道，師道，常道，神道
　茶道，華道，香道，武道，剣道，柔道，弓道，
　合気道，武士道

　（おのずからを生きることが「道」である。茶道や剣道などはすべて天の道つまりおのずからを生きることなのである。日本の文化の根底にはおのずからを体現することが常に目指されている。）

「教」
　道を修むるものとしての教とは宗教（儒教，道教，仏教，キリスト教，イスラム教，ヒンズー教，ユダヤ教など）「神道」だけは教ではなく「道＝生きる道」である。学問は分科し，宗教は綜合する。

（4）作為と自然

「工夫を凝らし作為を働かすこと」と「自然にあるがままに為すこと」どちらに価値があるのか？人間が築き上げてきた文明やあらゆる文化活動は一見作為を凝らすことのように思われる。人間が作るものはすべて人為的なものである。しかし，陶芸家の浜田庄司は作為して作るはずの陶器に対して

> 「作るよりも生まれるものを求めていきたい。」

と語っている。真に価値のある芸術作品は作為することよりも自然に逆らうことなくあるがままに為されたものであるようだ。作り出すより自然に生み出されるものなのだろうか。

また天下随一の茶碗，大名物中の大名物といわれる「喜左衛門井戸」に対して柳宗悦は言う。

> 『いい茶碗だ，だが何という平凡極まりないものだ。…だがそれでよいのである。それだからよいのである。それでこそよいのである。…坦々とした波瀾のないもの，企らみのないもの，邪気のないもの，素直なもの，自然なもの，無心なもの，奢らないもの，誇らないもの，それが美しくなくして何であろうか。謙るもの，質素なもの，飾らないもの，それは当然人間の敬愛を受けてよいのである。それに何にも増して健全である。…何故「喜左衛門井戸」が美しいか，それは「無事」だからである。「造作したところがない」からである。』
> （柳宗悦「喜左衛門井戸を見る」1931年）

造作しない無心の所に最高の芸術が生まれる。無心によって欲や作為が消え自然そのものが発現するのである。無心の功徳について良寛はこう言う。

> 「花は無心にして蝶を招き，蝶は無心にして花を尋ぬ。
> 花開く時，蝶来り，蝶来る時，花開く。
> 吾もまた人を知らず，人もまた吾を知らず。
> 知らずして帝（天帝）の則に従ふ。」

この無心を人間の生き方とするならば，さらにこんな良寛の言葉がある。

> 「災難を巡るる妙法は，災難に遭う時節には災難に合うがよく候，死ぬ時節には死ぬがよく候。これがこれ災難を逃るる妙法にて候。」

正に「騰々任運」「任運自在」の境地である。現代問題になっているクローンや臓器移植をどう考えるかもここの問題であろう。

（5）作為と自然をつなぐもの

作為と自然はいかにも正反対のもののようであるが，それは作為の裏に自我や欲が絡んでいるからである。人間の活動はすべて作為であるから自然とつながりようがないように思えるが，作為がより純化し，自然化していくならば，作為が作為でなくなるのである。自然随順の行為が作為となり，作為と自然の垣根は消えていく。先人はこのように純化した作為を最高位のものと見なし，それを求めて錬磨努力し続けた。みずからが空となり無となる時，おのずからと一致し，「みずからがおのずからとなる。」みずからがおのずからになるためには昔から様々な心のあり方が語られてきた。その一例を示すと，

「無」無我，無私，無心，無邪気，没我
「直」直心，素直，正直，直観，直行，直道
「純」純粋，純心，純一，純真，天真爛漫
「清」清心，清浄，清明，清純，清素，清虚，清淡虚無
「誠」誠実，誠意，至誠，忠誠，誠直，誠心

上記のように作為と自然が一つになるためには改めて「無心の価値」が問い直されなければならない。求道の精神の行き着く所は無私にして「おのずから」に従う，自然随順の精神であろ

う。ここに至って，内なる自然の自覚が真に成就するのである。

（6）「内なる自然の自覚」に基づく行為とは

> 「行為は心の状態であって，単に外的な行動ではない。」　　（アレクサンダー）

つまり，行為とは自己の主体的な責任ある行動であり，それは自己の心に依拠するものである。自然観察という活動は「自然な行為」を目指すものであると考えている。ここで言う「自然な」とは「おのずからの」「無心な」という意味で，自己のはからいを捨て去った純粋無垢な心持ちを言う。そのような心になった時，みずからがおのずからとなり，作為は自然となり，真に「自然な行為」が成就する。

親鸞が86歳にして最後に行き着いた心境である「自然法爾」，夏目漱石が行き着いた「則天去私」，「造化にしたがひ造化にかへれ」という芭蕉，「実相に観入して自然・自己一元の生を写す」ことが短歌における写生であると主張した斉藤茂吉，多くの先人たちが行き着いた心境は表現こそ違えども非常に似ている。これらの行為はすべて「自己の内なる自然の自覚」に基づいていることは間違いない。自然は絶対的で真善美そのものであるという人類の信仰はすべての行為の基盤である。人類は今や「自然に帰ること」を真剣に目指さなければならない。個々人は「内なる自然の自覚に基づく行為」に徹していくことが自然との共生を超越し，自然と一体化し，自己即自然となって調和的世界を実現していくことにつながるであろう。すべては「内なる自然の自覚」にかかっているのである。

イヌガヤ　　　　N. Sugai

「自然」に生きる

　自然観察の本義とは何かを自己の経験から考え、また先人の思索の後を尋ねて探究していくうちに、ひとまず次のような所に行き着いた。

　自然観察とは
「生命の根源を洞察し、この世界の根本原理である一即多の自覚を深め、おのずからをみずからに体現して生きることである。」

　これを『自然に生きる』と表現したい。「自然体で生きる」という表現もあるが、「体」を成すことはまだ自然と自己との間に溝がある。自然と一つになること。自然に没入すること。自然に一致すること。自然そのものになって生きること。自己が自然であること。これを『自然に生きる』という。

「自然に生きるものにとって、自然は観察するものではなく、自己自身が自然であり、自然を生きているのが自己であり、自己即自然、自然即自己という不可分であり自己同一である。」

　『自然に生きる』とき、自己という場を通して根源的生命が発露し、自由自在な境涯の中で存分に自己を生ききることができるのである。

　自然観察を始めて27年にして一応辿り着いた私なりの現時点での帰着点である。もちろんここに述べることを私自身がすべて体得体現しているというものではなく、自然を真に知るに当たって先人が示してくれた私が歩むべき指針であり、私はその道を求め歩み続けている一求道者である。その自然自己一元の自覚を先人の言葉を借りながら以下に論述してみたい。

1. 認識と自覚

　知るということには2つの方向がある。一つは対象認識であり、もう一つは自覚である。自然を知るために科学は対象認識の方向を受け持ち、哲学や宗教は自覚の方向を受け持つ。これら2つの方向がバランスを保っているときにこそ自然を真に知ることになるのである。しかし、今日では科学信仰が巨大化し、そのバランスが崩れてしまっているところに人間の傲慢さが頭をもたげ、人間のエゴで多様な環境問題を引き起こしている。科学の発達に対して対象認識の方向はアクセルであり、自覚の方向はブレーキとハンドルであるともいえる。これら2方向がバランスよく機能しているときが安全運転しているときである。現在は正にアクセルのみ噴かして暴走しているときである。一刻も早く自覚を深め、ブレーキをかけハンドルでもって健全な方向へ軌道修正していくことが望まれる。

　さて、認識とは認識されるものを認識するものから切り離して対象化して外からとらえることである。これに対して、自覚とは自己が自己に於いて自己を見ることであり、対象化して外から見るのではなく、同一化して内から見ることである。自然観察はともすると対象認識のみで終わり満足しがちだが、それでは自然の反面をとらえたに過ぎず、偏見を免れない。自然観察は対象認識とともに内なる自覚へと深まる方向が重要である。自然における人間存在の意義、自分自身の存在意義をどこに見い出すか。これは自然の全相を直観してこそ真にとらえられるものである。自己は自然の一部分であり、部分の価値は全体の中でこそ見い出し得るものである。部分は全体の中で生かされており、全体はまた部分の存在で生かされている。部分と全体、自己と自然は不可分のものであり、一つのもの

である。この辺りの自覚が深まったならば自己の存在意義はおのずから見えてくるであろう。その時，自然とは何かを真に知ることになるのである。

2．根源的生命の自覚

　生命というと生物的生命に限定しがちだが，何をもって生命とするかという問いから発しなければならないように思う。生物的生命を探究する生命科学が進むにつれて，生物と無生物との境界が崩れてきている。

> 物理化学的還元主義は生命を物質の機械的集合体としてとらえようとするが，生命特有の自己組織化は物質世界でも見られ，すでに物質の中に生命を生み出す働きがあることが分かってきている。
> 　　　　　　　　　（小林道憲「生命と宇宙」）

　これらの事実を踏まえ，小林道憲氏は「自己組織化は，宇宙が本来持っている原理であって，物質と生命両方を結合し，両者を貫いて働き出ている原理である。(中略)生命原理は，むしろ物質そのものの中に宿っていたのだと考えねばならない。」とした上で，「東洋の自然という概念も，もともと〈おのずからそのようになるもの〉という意味をもっていた。これと〈自己組織化〉という概念はかなり近い。」と述べ，「生命とは，物質が，自由と目的，個別性と多様性，全体性と複雑性，形と統一性を獲得しようとする意志である。」としている。

　このように生命とは何かを定義づけることは生命のメカニズムを知れば知るほど難しくなってきているのが現状であり，科学で生命をとらえようとするいとなみの深まりは，哲学や宗教がとらえる生命に近づきつつある。今や生命を根本的に問い直すことが必要な時代に来たように思う。そこで，以下に先人の生命に対する深い洞察に学びたい。

（1）道元の生命観

> 「以水為命しりぬべし，以空為命しりぬべし。
> 　以鳥為命あり，以魚為命あり。
> 　以命為鳥なるべし，以命為魚なるべし。」
> （訳）水がそのまま命であり，空がそのまま命である。
> 　　　鳥が命であり，魚が命である。
> 　　　命が鳥であり，命が魚である。
> 　　　　　　　（道元「正法眼蔵」現成公案の巻）

　環境と，環境主体である人や生物を切り離して考えるのは，科学の認識方法である。しかし，その科学が人のからだは約70％が水であるといい，その水は外界にあるときには単なる水であるが，自己のからだに入り体内に吸収されるや否や生命に化することを実証しているのである。H_2Oは外界では無生命の物質として働き，内界では生命として働く。その働きは場所の違いによって生じているもので，H_2Oという物自体の本質には変わりがない。その不変なる物が生物学的生命として働いたり，無生命の物質として働いたりする。その両方の働きを含むものをより大きな生命としての概念で包み込んでしまえば，道元が語るように水も空も命なのである。命が水として現れ，命が空として顕現しているのである。道元はこれらの言葉を通してこの世のすべてのものは，生命の現れであり，物質と生命を分け隔てることなく一つのものであることを正法眼蔵の中の各所から多方面から説いている。私達は普通，石は石，水は水と何の疑いもなく使っているが，この物自体をさらに深く洞察するならば，道元の次の言葉になろう。

> 「山これ山，水これ水」

> この道取は
> 「やまこれやまといふにあらず，山これやまといふなり」　（「正法眼蔵」山水経）

　山を見て「山」というのは容易だが，それは単なる言葉上の記号としての「山」であり，山の本質を指しての山ではない。根源的生命の現れとしての山の自覚の元に発する「山」であってこそ真に「山」ということになる。つまり，物質として眼前に現れているものの実相をとらえてこそ，本当にそのものをとらえたことになるのである。次に述べる井筒俊彦氏のいう存在も，言葉は違っていても同じ事を主張している。

（2）存在が花している

　井筒俊彦氏は存在一性論に関して「例えばいま眼前に咲いている花を花として見るのは妄念の働きにすぎない。本当は，花を花として見るべきではなく，花を〈存在〉の特殊な限定的顕現形態として見るべきなのだ。つまり花という現われの形のかげにひそむ唯一の真実在，〈存在〉の姿をそこに見なければならないのである。」と述べている。花として分化分節される以前の無分節，つまり真実在＝存在から分節されたものを見直すことで，真の花，つまり花の本質をとらえることができるのである。存在＝生命が花している。生命が花として顕現している。ここには根源的な生命への洞察が含まれている。それは道元のいう「やまこれやまといふにあらず（花を花として見るべきではなく），山これやまといふなり（花のかげにひそむ唯一の真実在＝存在の姿をこそ見なければならない）」に通じるものである。さらに，河井寛治郎氏は上述のことを日常的なやさしい事象から私達に語りかけている。

（3）河井寛次郎のもう一つの世界

　私達が世界を見るとき，その見方が一面的であることを河井は自己の自覚に於いて次のように述べている。

> 「葉っぱが虫に喰われ，虫が葉っぱを喰っているにもかかわらず，虫が葉っぱに養われ，葉っぱは虫を養っている。…喰う喰われるといういたましい現実が，そのままの姿で養い養われるという現実とくっついているというのは，そもそもこれは何とした事なのでありましょう。…不安のままで平安‥そうなのか，そうだったのか。蝶が飛んでいる，葉っぱが飛んでいる。…この世このまま大調和」
> （「河井寛次郎の宇宙」河井寛次郎記念館編）

> 「土の中から世の中へ　突き刺して居る筍」
> 「虫　人間を見る」
> 　　　（河井寛次郎「いのちの窓」）

　河井がとらえた世界は，上記の言葉によって私達が見過ごしているもう一つの世界を暗示示唆している。生物の世界を弱肉強食の世界と見るか，大調和の世界と見るかは地獄と極楽のように違っている。根源的な生命の自覚のもとに世界を見れば，河井のいう大調和の世界が見えてくるのである。

（4）生命体としての宇宙

　宇宙の生成進化の様子は地球上の生命と類似した現象を現している。正に宇宙を貫く生命が働き出し物質界・生命界を統一しているように考えられるのである。小林道憲氏はこの点について次のように述べている。

> 「宇宙に内在する一なる意志，宇宙生命は，銀河集団から，銀河，星，惑星，原核生物，真核生物，多細胞生物，植物，動物，人類へと，自分自身を多種多様な仕方で表現し，

> 壮大な進化の系列を形づくる。それは、無限の多様性の世界である。しかも、この多様な個体がなかったなら、宇宙の根源的生命は自己自身を現し出すことができない。多様な個体の中にこそ、根源的生命は宿る。一なるものは多なるもののうちに働き出る。宇宙の根源的生命は、一であり、多である。」
> 　　　　　　　（小林道憲「生命と宇宙」）

ラブロックのガイヤ仮説（地球を生命体ととらえる）をも超越した根源的生命は宇宙を統一し、物質と生命を一つのものとし、そこに全体性が働くのである。宇宙が一つの生命体として働いているとの認識である。今や think globally, act locally から think cosmos へと次元を大きく拡大しなければならない。

3．一即多

自然という宇宙を生みだしたこの広大無辺な世界と、自分や他の様々な生物との関係を考えるとき、部分と全体との関係、多様性と一様性について問題が浮上してくる。例えば具体的には、木と森の関係、細胞と個体との関係とは何かを解明することである。つまり個と全、多と一を考えることである。

（1）個物的多と全体的一との矛盾的自己同一世界

この世界は多種多様個物から成り立ってはいるが、決してそれらは互いに何の関係もなくばらばらに存在するものではなく、相互に深い関連性をもちながら全体としての統一性を保っている。細胞、器官、個体、個体群、群集、種、生態系、地球、太陽系、銀河系、小宇宙、宇宙、というように、自然は断層構造をもちながらそれぞれの中で調和しつつ、さらに全体が統一されているのである。細胞からすれば個体は全であるが、種からすれば個体は個にすぎない。また種は生態系からすれば個である。地球は我々にとっては全であるが、銀河系からすれば個にすぎないのである。このように相互に階層構造で個と全が相関し合っている世界である。個は全ともなり、全はまた個ともなる。個即全であり、全即個なのである。西田幾多郎氏はそのような世界を次のように表現した。

> 「世界は個物的多と全体的一との矛盾的自己同一の世界である。」
> 　　　　　　（「西田幾多郎全集」第11巻）

多様な個物と全体的な統一性とは互いに相容れないものである。その個物的多と全体的一とが同一となること自体が絶対的な矛盾である。ところが世界はそういう矛盾的な自己同一の世界であるというのである。生命体や経済界などの複雑系を扱う学問の登場によって、部分と全体は相互依存関係にあることが解明されつつある。個は全なくしてはあり得ず、全も個の存在なくして成立しない。相互補完的に断ち切ることのできない正に一つのものであるとの認識が常識になりつつある。このような認識は昔から直観的になされ、近年の複雑系の研究を待つまでもなく、道元の回互（えご）や安藤昌益が互性妙道などの言葉で表現している。

> 回互（えご）
> 自他が関係交渉しながら融和調合し、しかも各自の面目個性を失わないで各々の体用を完全にする道理
> 不回互（ふえご）
> 自他が回互しないで、自らの位を守って、他と融合調和しないで、自己の独立を保持する道理　　　　　　（道元）

> 事物の内部矛盾と対立物の相互依存・相

互作用とその統一による運動・変化・発展を表象している。性質を異にする二つのものがあった場合，その双方が互いに相手の性質を内包し，互いに作用し合い，転化し発展変化するという弁証法における止揚をいう。
（止揚…二つの矛盾対立する概念・事物が，相互に否定し合いながら，両者を包む一段と高次の統一体に発展すること。）
　　　　　（安藤昌益「日本・中国共同研究」）

（2）即非の論理と霊性的直覚

　一即多，多即一というものを本当にとらえるためには論理や概念的分析を超えなければならない。1＝∞という式は数学の論理を超えている。鈴木大拙氏はいう

「心を一点に留めたり，一物を見たり，一事を知ったりして，一事一物一点の外に出ることをわすれると，その知見は，いずれも限られたものになって，自由のはたらきが，そこから出てこない。限られた一がそのまま無限の全体であることに，気がつかなくてはならない。」
　　　　　　　（鈴木大拙「東洋的な見方」）

　0＝∞すなわち＜無一物中無尽蔵＞が素直に納得できてこそ，一即多，多即一がつかめる。総合的なものの見方とは正にこの一即多をとらえることである。1＝1という個々の対立を横越せしめるために，即非の論理がある。
　「AはAだと云うのは，AはAでない，故に，AはAである。」というものだ。
　原典は金剛経に「仏説般若波羅蜜。即非般若波羅蜜。是名般若波羅蜜。」つまり「仏の説き給ふ般若波羅蜜といふのは，即ち般若波羅蜜ではない。それで般若波羅蜜と名づけるのである。」とある。

「凡て吾等の言葉・観念又は概念といふものは，さういふ風に，否定を媒介として，始めて肯定に入るのが，本当の物の見方だといふのが，般若論理の性格である。」「知性的判断の上に立ったり，情意的選択のうちに動いているかぎり，霊性的直覚には至りえないのである。」
　　　　　　　　（「鈴木大拙全集」第5巻）

　鈴木は以上のような論理を即非の論理と名づけている。
　即非の論理は一即多，多即一という真理へ導く道であると考える。これは道元の云う「やまこれやまといふにあらず，山これやまといふなり」を経てこそ「山これ山，水これ水」への境地に至るのである。井筒俊彦の云うように分節（Ⅰ）が一度無分節に入ってこそ分節（Ⅱ）として生まれ変わるのである。「分節（Ⅰ）と分節（Ⅱ）とはまったく同じ一つの世界であって，表面的には両者の間に何の違いもないように見える。が，無分節という形而上学的「無」の一点を経てきているかいないかによって，分節（Ⅰ）と分節（Ⅱ）とは根本的にその内的様相を異にする。なぜなら，ともに等しく分節ではあっても，「本質」論的に見て，分節（Ⅰ）は有「本質」的分節であり，これに反して分節（Ⅱ）は無「本質」的分節であるから。」

　ここをもう少し具体的に示しているのが吉州青原惟信禅師の次の述懐である。

「老僧，三十年前，未だ参禅せざる時，山を見るに是れ山，水を見るに是れ水なりき。後来，親しく知識にまみえて箇の入処有るに至るに及んで（すぐれた師にめぐり遇い，その指導の下に修業して，いささか悟るところあって），山を見るに是れ山にあらず，

水を見るに是れ水にあらず。而今、箇の休かつの処を得て（いよいよ悟りが深まり、安心の境位に落ちつくことのできた今では）、依前（また一番最初の頃と同じく）、山を見るに祇だ是れ山、水を見るに祇だ是れ水なり。」　　（井筒俊彦「意識と本質」）

一がそのまま多に自己同一することを直覚するための道筋が非常に鮮明に述べられている。個物的多が全体的一と絶対矛盾的でありながら自己同一する世界を体得することが究極的な自然観察と言えるのである。また、すべての学問はここに収束するのである。自然観察もここまで来ると科学的論理を遥かに超越して霊性的直覚にまで入ることとなる。この境位においては哲学も芸術も宗教も一致してくるのである。真に価値ある芸術はすべてここから創造されてくるもので、一即多の世界を観ることが自然観察であり、その表現が芸術である。

4．道心こそ学問のいのち

自然観察も人間理解も社会のあり方もすべてがサイエンスで片づけられようとしている今日、学問そのもののあり方が問い直される必要がある。生き方を追究する学問へと復帰することが、今日のすべての学問に求められている要所ではないだろうか。真実を求めて生き方を追究する心、それを道心と云う。すべては道心に始まり道心に帰するのである。

作庭に優れ、西芳寺や天竜寺などの名庭を各地に残した夢窓疎石は「夢中問答集」の中で、庭や自然を観賞する意義を次のように述べている。

「山河大地、草木瓦石、皆な是れ自己の本分なりと信ずる人、一旦山水を愛する事は世情に似たれども、やがて其の世情を道心として、泉石の四気にかはる気色を工夫とする人あり。若しよくかやうならば、道人の山水を愛する模様としりぬべし。然らば即ち、山水をこのむは定めて悪事ともいふべからず、定めて善事とも申しがたし。山水に得失はなし。得失は人の心にあり。」
　　（夢窓疎石「夢中問答集」）

つまり、庭そのものに価値があるのではなく、その庭を見る人の心が四季の変化を通して、さらに道心に結びついてこそ価値あるものと成り得ることを強調している。

また、最澄は「山家学生式」に次のように述べている。

『国宝とは何物ぞ。宝とは道心なり。道心あるの人を名づけて国宝となす。故に古人言く、「径寸十枚、これ国宝に非ず。照千・一隅、これ則ち国宝なり」と。』
　　（最澄「山家学生式」）

さらにまた、学問は生き方を追究するものであることを小林秀雄氏は以下のように熱っぽく語っている。

『今の学者というのはサイエンスだよね。だけどあの頃（江戸時代）の学問というものはサイエンスなんかとは全然違うんでね。あれ、道ですよ。人の道を研究したんだよ。だから、人間如何に生きるべきか、とそういう問いに答えられないような者は学者ではなかったんだ。今の学者なんてそんなことに答えられなくていいんですよ。何か調べてればいいんでしょ。「私は学者だからね。こうがああでこうである。」と。「調べるんだ」と。「君たちの幸不幸には俺は何も関係ないんだ」と。「私はどういうふうにして世の中に生きたらいいんでしょう先

生?」といったって先生は答えてくれはしないんだよ。それが今の学問です。学問てものはその位今冷淡になってしまったんだ。一番人間の肝心なことには触れないんですねえ。で，僕らの一番肝心なことって何ですか。僕らの幸不幸じゃありませんか。僕らは死ぬまでたった何十年かの間この世に生きてて幸福じゃなかったらどうしますか。で，僕が生きてる意味がわからなかったらどうしますか。そんなことを教えてくれないような学問は学問ではないね。だから昔の学問は，学者は，それをどうかして人に教えようとしたんです。』

(小林秀雄「宣長の源氏観」講演)

フッサールもまた小林と同じことを語っている。

「学問の危機は何よりも，学問が〈生〉に対する意義を失ったことにあり，そのことはとりわけ，学問が単なる〈事実についての学〉に還元する実証主義的な傾向のうちに見られる。」
(フッサール「ヨーロッパ諸学の危機と
　　　　　　超越論的現象学」)

以上のように，学問が生き方に返ることで，自然の探究そのものが自然に生きることに直結するのである。

5．まとめ

　自然(しぜん)，自然(じねん)，自ら(おのずから)，自ら(みずから)，自己・自由・自在などのように日常的に使っている言葉ではあるが，その奥には無限の深さがあり，自己も宇宙もすべてが包含されてしまうような途轍もない世界を秘めていた。自然を問うこと，自然を哲学すること，そして自然に生きること，これらは学問の根源であるとともに，私自身が生きることそのものであり，また本来すべての人々がこの問題を避けては通れないものなのである。それは人間は自然に生まれ，自然の真っただ中で生き，自然に帰っていく存在だからである。

　人類は文明を発展させてきた代償に，誰にとっても避けがたいはずのこの根源的な問いを忘れてしまっているかのようである。自己とは何か？生命とは何か？自然とは何か？これらの答えのない問いを問い続けて行くことこそ，充実した生命を顕現できるのではないかと思う。

　自然に生きることは，自然に道を歩むこと，みずからにおのずからを体現して生きること，自然道を貫くこと。自然を自己から突き放して観察することを超えて，自己が自然となること，自然・自己の自己同一を自覚すること，自己同一を生きること。このような絶対的価値の自覚こそ自然観察の真価であり，学問することの最大の醍醐味なのである。

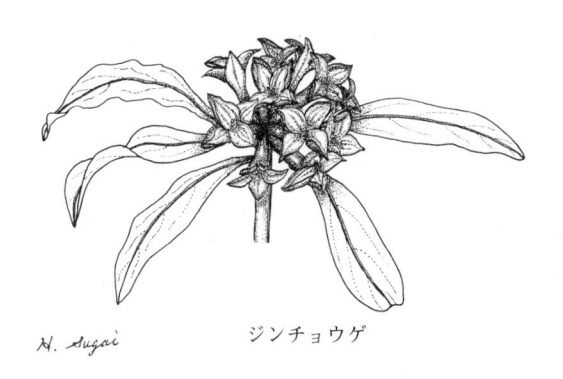

ジンチョウゲ

自然の妙に「自然(じねん)」を洞察する楽しみ

1．Natureと自然は違う

　「自然観察」といえば文字通り「自然」を観察することなのだが，その観察すべき「自然」そのものがそもそも何なのかがよくわからないのである。だから私達は草・木・虫・魚・鳥・獣・石・山・川・日・月・星等，個々の自然の構成物を観察することをもって「自然観察」としている。しかしよく考えてみると「自然」の一部分を観察しているに過ぎない。「Nature」という語は，人間と人間が作り出した物以外の全ての天然物を指し示す言葉だが，それが「自然」と訳されたことに無理があり誤解や混乱が生じてきたのである。今日の自然観察とはNatureの観察なのである。

　「自然」は「おのずからしかる」つまり本来的にそうであること，また人間的な作為が加えられていないあるがままの在り方を意味する。自は，おのずからともみずからとも読み，おのずからがみずから（つまり自己）であり，自己つまりみずからがおのずから即ち自然である。このようなとらえ方に立ったとき，「自然(しぜん)」とは言わず「自然(じねん)」という。「自然(じねん)」という表現は全体自然あるいは自然の全相，自然の本質をずばり言い表しているとともに，自己＝自然を深く洞察した言葉である。

　自然観察が単なる自然の構成物の観察で終わることなく，『自然を直観し洞察する』活動，つまり自然の本質を探究し，おのずからの世界の意味を問うことを通してみずからの存在意義をも究明する活動となることが極めて大切なのである。この活動は生命の意味を問うことであり，また現象の背後に横たわる全体自然を哲学することでもある。

2．自然の妙を味わう

```
薔薇(バラ)ノ木ニ　　薔薇ノ花サク。
ナニゴトノ不思議ナケレド。　　（北原白秋）
```

　バラの花を咲かせている生命そのものをずばり直覚した時に洩れ落ちる言葉である。自然観察も現象面を科学的に認識するに留まらず，さらにその奥にある生命，自然の妙を直感し，感動するところまでいきたいと願う。そこまで洞察した時，自己の生命と自然のあらゆる生命と

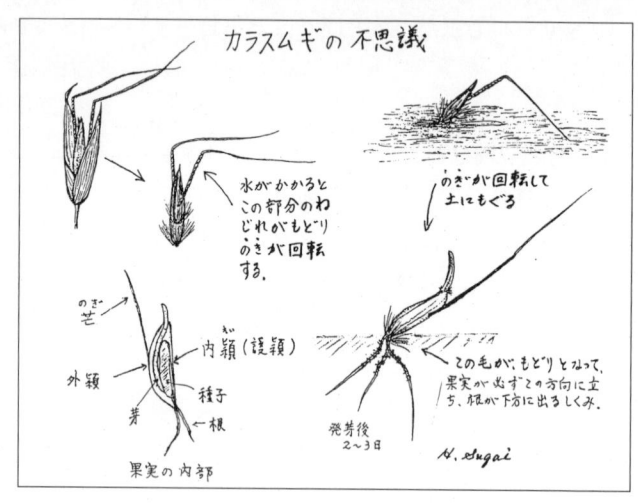

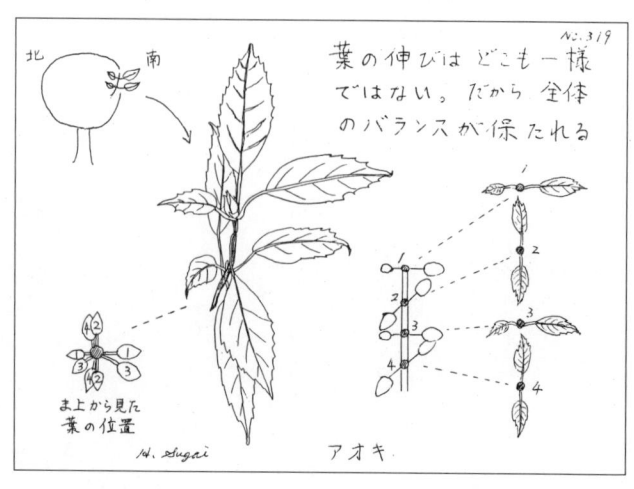

が一つにつながっていることを実感し得るものなのである。

しかしそれは何か特別に変わった自然に出会わなければならないというものではなく、どこにでもあるごく身近な自然の中からも十二分に感じ取ることができるのである。

> 朝顔や　つるべとられて　もらい水
> 　　　　　　　　　　　（加賀の千代女）

朝露のぬれた実に、みずみずしい朝顔の花に生命の輝きを感じ取ったにちがいない。自然の妙はごく身近な自然の中にいくらでもあるが、それを受け止める繊細な感受性を必要としているだけである。

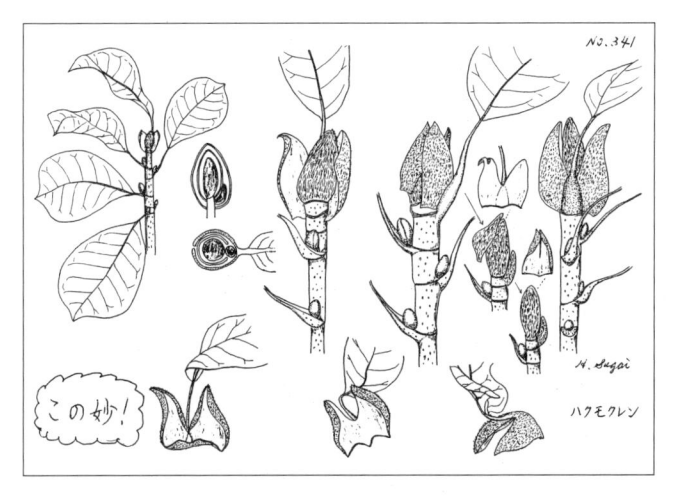

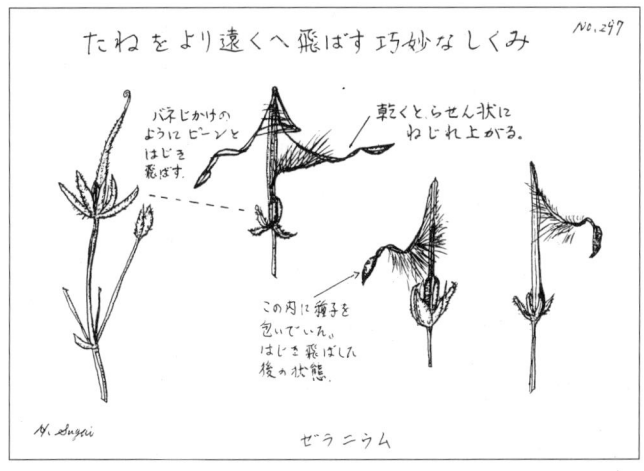

3．身近な自然を通して全体自然に思いを向ける

私達のごく身近な自然の中にはまだまだたくさんの感動する世界が眠っている。それを一つ一つ自分で発見し、自分の目でしっかりとらえていく活動には限りない喜びがあるとともに、自然の奥深さを身に染みて感じさせられる。「自然ってすごいな！」という感嘆の奥に「自然を洞察する」という活動がおのずから生じてくるのではないだろうか。このような自然の妙との出会いがいくつも積み重なるにつれて、いつしかおのずから自然を直観することができるのではないかと思う。

目の前の様々な自然とじっくりふれ合うことを通して、いつもその奥にあるところの生命や全体自然に思いを向け、洞察してみることが自然とのふれ合いで今忘れられている極めて大事な視点ではないだろうか。どんなに素朴であっても拙くても自然を哲学し、洞察する姿勢が今日こそ求められているのである。自然の中で生きるために………。

自然を直観し洞察することこそ真の自然観察の醍醐味であり、みずからがおのずからとなり、自己が自然と一体化してくるのである。人間は自然に生まれ自然の中に生き自然に帰る存在なのだ。

生き方を学ぶ自然観察

1．何のための自然観察か

　自然観察とは自然を観察することであるには違いないのですが，その目的は多種多様なものです。普通行われている自然観察は科学的な見方で自然を対象化して客観的に捉えるものです。自然を物としてとらえ，その物の形状や生態，関係性などを細かく見るものです。

　一方，自然美を享受するための見方もあります。美的に芸術的に自然を感じる自然観察です。俳句や短歌を作るための自然観察などがそれです。芭蕉の「松の事は松に習え，竹の事は竹に習え」という言葉や，「よく見ればなずな花咲く垣根かな」という句，斎藤茂吉の写生の説にある「実相に観入して自然・自己一元の生を写す」などの観察の仕方です。

　また，ソクラテス・プラトン・アリストテレスなどの昔の人々の自然の見方はもっと総合化していて，自然の成り立ちや自然の中の人間の存在を深く考察する自然哲学と呼ばれるもので，科学的な見方に先立って行われてきた根源的な自然の見方です。

　さらには，人間の知恵を遥かに超えた自然の偉大な力への畏敬の念は，自然発生的に宗教的な自然の見方を生み出します。世界遺産に指定された奈良県の春日山原始林は神体山つまり，神が宿る山として篤く信仰されてきたことによって今日まで原始の森が残存してきたわけです。日本全国の社寺林はすべて信仰の力が森を守ってきたといえるでしょう。太陽のことを「お天道様」と呼び絶大なる思いを向けてきた昔の人々は自然に対して実に素朴で純粋な見方をしていたわけです。太陽信仰は今も初日の出を拝むという行為に見られます。現代においても日照りが続くと雨乞いの神事が行われたりすることも，自然を畏敬するという自然の見方に由来するものです。

　以上のように，自然を観察するという行為は科学だけのものではなく，地球という自然の中に人類が誕生してから各地の風土に応じて人が自然をどのように観察しかかわって来たかという歴史が文化そのものであるといえます。自然観察とはそれほど奥行きの深いものなのです。総合化が求められている今日において，科学，芸術，哲学，宗教など多方面からの自然観察が融合し統合し総合化して来ることが望まれます。

2．総合的な視野を持った自然観察

　教育における自然観察は，科学者を育てるためでも，芸術家を養成するためでも，哲学者を育成するためでも，宗教家を生むためでもありません。あくまで一人ひとりが充実した人生を生きるために自然観察が役立たなければならないのです。自然観察をすれば理科の成績が少し上がるというようなちっぽけな話ではなくて，一度しかないこの自己の人生をどう充実させるかというもっと真剣な差し迫った緊迫した問題であると受け止めて考えてみたいのです。自然観照趣味で，自然観察をすると心が休まるという程度のものでもなく，ものの見方や世の中の見方，自己の見方の変革につながるような自然観察でありたいと願うのです。そのためには一面的な狭い見方に留まらず，多面的で広い視野を持った総合的な自然観察が必要であると思うのです。

　アリ一匹を見ても，目前のアリの個体の観察に終わるのではなく，アリの生命を観察し，その生命の歴史性を洞察し，そこからさらにアリを生み出した自然というものを考えるならば，アリの観察は宇宙を見つめることにつながるの

です。そして，宇宙という自然を洞察することは，人間つまり，自分という存在そのものに問いを向けることにもなるわけです。

3．観察の真義に返る

「観」は心でみるということであり「直観」を働かせること，「察」は物事の本質をとらえることであり「洞察」すること。こう考えると，「観察」とは「直観的に洞察することである」といえるわけです。では何を直観的に洞察するのかというと，目の前の自然物を自然物たらしめているところの自然というものを洞察するのです。自然とは「自ずから（おのずから）然る（しかる）」とあるように，「おのずからしかある」つまり「おのずからそのようにある」という意味です。然はしかある，そのようにあるという意味ですから，そんなに大きな意義はなく，重要なのは「自（おのずから）」です。

自然観察とは「おのずからを直観的に洞察すること」であるといえるわけです。さまざまな自然物のありようを通して「おのずから」を見極めようとする行為が自然観察なのです。このように説明すると大変回りくどくて難しいことのようにも感じられますが，私達は日常無意識にこれをやっているわけです。中秋の名月を見てその美しさとともに宇宙の神秘を感じ，蝶がさなぎから羽化するのを見て生命の神秘を感じる。美しさの奥に神秘さや不思議さを感じていることが人智を超えた「おのずから」を見極めようとする出発点なのです。

「おのずから」は「己っ柄」（おのれっから）という意味で，「から」は「生まれつき」，つまり「生まれつきの力」「根源的な生成力」が現れた状態をいう言葉です。言い換えれば，「おのずから」は「根源的な生命力の発現」であるとも言えます。自然とは根源的な生命の発露であり，それを直観的に感じ洞察することが自然観察なのです。

落ち葉を見ても，空に浮かぶ雲を眺めても，道端に転がっている小石を見ても，すべての自然物から「おのずから」を感じ洞察することに結びついてくる，そのような観方こそが自然を観察するということなのです。さらにそれを観察しているもの自身が，「自分，自己」であり，いずれも「自」が付けられています。「自」は「みずから」とも「おのずから」とも読むことができるということ自体が，「自己がおのずからの存在である」ことを示しています。つまり，自然界を見て，おのずからを洞察すること自体が自己自身を見つめていることになるわけです。私達は自然を見ていたのではなく，自己を見ているのです。

4．自己の生き方へと返る自然観察

105歳まで現役で描きつづけた日本画の巨匠，小倉遊亀さんは，師の安田靫彦さんから「自分を出そうとしなくても，見た感じを逃がさぬように心掛けてゆけば，その都度違う表現になっていつの間にか1枚の葉っぱが手に入りますよ。1枚の葉っぱが手に入ったら，宇宙全体が手に入ります。」と教わったそうです。自然観察も同じ事で，「1枚の葉っぱが観察できれば，正に宇宙全体，自然全体が観察され，自己の掌中に収まることになります。」その時，自己と自然が一つになり自由となるのです。「自己・自然・自由」これらは「自」「おのずから」でつながり，「おのずから」に帰結するものです。

自然を見ることが自己を見ることであり，見ることがそのまま生きることへと帰っていくような見方を学びたいと願っています。自己の生き方へと返る自然観察のあり方を求めつつ，自然と親しみ自然を楽しんでいきたいものだと思っています。

日本文化に根ざした自然教育の必要性

1．アリの目とトリの目

　科学・技術の発展によって無量の恩恵を受けてきた私達は，その同じ科学技術の威力によって今や地球規模の環境悪化に悩み苦しんでいる。便利さ快適さのみを最優先させてきた近代文明は「科学は万能であり，人類に幸福をもたらすものである」という錯覚を人々に植え付けた。

　しかし科学は万能ではなく，人類にとって諸刃の剣であることは自明の理となった。所詮科学も自然の一側面をとらえたに過ぎなかったのである。一つの見方に価値を置き，一面的なとらえ方に偏ったがために袋小路に陥った。

　物事は一面的な見方をすると迷いを生じ，道を誤るものである。常に全体をとらえ全相を認識してこそ正しい生き方ができるのである。部分や細部をとらえる目と全体を見渡す目とのバランスが必要なのである。いわば地をはうアリの目と鳥瞰（ちょうかん）的なトリの目の両翼を持ち合わせてこそ自然の真相をとらえることができる。「物を見る目には，"観の目"もあれば"見の目"もある。観の目は物の生命を洞察し，見の目は物の皮相に触れるに止まる」（宮本武蔵）。環境教育や国際教育を推進する上にもまた「生きる力」を養い，精神的「ゆとり」を持って生涯教育を進める上にも全体を見通すトリの目，物事の真相を深く洞察する観の目が不可欠であり，それらの目が養われてこそ真に総合力や判断力また直観力や創造力が発揮されるのである。

2．日本文化に底流するもの

　そこでこれからの「自然教育」においては科学的な見方に留まることなく，もっと積極的に全体自然や自然の全相をとらえようとすることの重要性を再認識して取り込んでいく必要があるように思う。自然を対象化して分析的にとらえてきた西洋とは違って，自然に溶け込み一体化してきた東洋や日本の見方に，もっと学ばねばならない。

　「自然」とは一体何なのだろうという根本的な問いから出発し自然を哲学することが見直される必要がある。本当の意味で自然を観察しなければならないのである。

　「観察」の真義は観の目で深く洞察することである。自然という壮大なる存在と自己が「直観的洞察」によって一体化するのである。

　日本文化に底流するものは「自然（じねん）」を自ら（おのずから）然（しかる）」世界ととらえるとともに，その「自ら（おのずから）」を「自ら（みずから）」とも読ませて自己自身を自然と一体なるものととらえるところに特徴がある。日本文化のもつこのような世界観・人間観は，今までの人類の傲慢（ごうまん）性に反省を与え，これからの人類の生き方に大きな示唆を与えるものと考える。

3．生き方としての自然教育を

　「自ら（みずから）」が「自ら（おのずから）」として働くためには自己が素直に成りきって自然に生きることが求められる。自然（じねん）を生きることの価値を再認識し，「自然に帰る」ことである。自然教育とは単に自然のことを学ぶ教育ではなく自ら（おのずから）を自ら（みずから）に生きる生き方の教育でありたい。

　今日世界の環境問題を解決しつつ，二十一世紀を人類がどのような指針で生きるべきかを問われている時，日本文化に底流する「おのずから」観を生かした自然教育がもっと研究され実践される必要性があることを提言したい。

自然とのふれ合いで育つ心

1. 自然に親しむことは人間の中核を創ること

　「世界は根源を持つ」とは西田幾多郎の言葉であるが，あらゆる生命の根源，人間の根源を考え辿るならば，それは「自然」というものに行き着くであろう。自然に触れるということは人間の根源，生命の根源に触れることであり，自己の根源の自覚をおのずから深めることにつながることでもある。自然という根源とのふれあいは人間の中核を創り，さらに次のような心を育むのである。
1）自然に触れると情緒豊かになる
　・人間の中核となる情緒が養われ，やさしさと気品が生まれる
　・美しいものを美しいと感じるあなたの心が美しい
　　　　　　　　　　　　　　　（相田みつを）
2）自然との交わりが豊かな創造性を生む
　・自然の多様性に触れることが豊かな発想を生む
　・自然こそ無限の創造の宝庫
3）自然はものの見方を広げる
　・多面的，総合的な見方が開けてくる
　・全連関性を体得できる
4）驚きと感動の心が育まれる
　・科学も芸術も驚く心から始まる
　・知的好奇心が高まり探究意欲が湧く
5）自然を愛する心は自然から慰められる
　・自然の癒しにより自信が湧く
　・落ち着きと潤い，ゆとりが生まれる
6）自尊感情が湧く
　・「みんなちがって，みんないい」（金子みすゞ）が体得される
　・自重の念が湧き，すべての生命の等価値が実感できる

　自然とのふれ合いは上記のような心を育み，人間の内面を深く耕し豊かにしてくれる。そこで，さまざまな自然とのふれ合い方の中で特に自然観察を取り上げ，ここから心を育む活動のあり方を考えてみたい。

2. 自然観察は人間としての修養である

　私達はよりよく生きるために一生涯研修し続けることが必要である。研修とは研究と修養という意味である。自然観察においても，研究としての自然観察と修養としての自然観察がある。科学という学問研究のために自然を観察し知見を増やしていく方向や，科学の方法を学ぶための自然観察が一般的ではあるが，以下では心の教育の一環としての自然観察，生き方を学ぶ自然観察に焦点を当てて考えてみたい。つまり，修養としての自然観察の方向性を探り，その具体的な内容を模索していきたいと思う。

　岡倉天心が『茶の本』の中で次のように述べている。

> おのれに存する偉大なるものの小を感ずることのできない人は，他人に存する小なるものの偉大を見のがしがちである。

　自己の内に天地を創造した偉大なる根源的な生命力を自覚しないものは，他人に内在するところの宇宙と一体なる偉大な生命力を見抜くことができないというのである。

　また，イギリスの詩人テニソンは「一輪の花を知れば天地および一切万物を知る」という。一輪の花に根源的生命を見いだし得た人は，天地一切万物の生命を自得することができるというのである。

　さらに，千利休が茶道の極意を尋ねられたと

き次の藤原家隆の歌を引いて，これぞ茶道の極意であるといった話が伝えられている。

> 花をのみ待つらん人に山里の雪間の草の春を見せばや

桜の花はまだ咲かないかと艶やかな花ばかりを待ちわびている人に，地味ではあるが降り積もった雪の間からそっと芽を出したばかりの草に春を感じる，このような心を伝えたいものだ。この心こそ修養としての自然観察の極意でもある。芭蕉は千利休と同じ心を次の句に詠んだ。

> よく見ればなずな花咲く垣根かな

うっかりすれば見過ごしてしまいそうな垣根の足元に，よく見るとなずなが生命の限り力一杯に花を咲かせていた。そのほとばしるような生命の存在に芭蕉は感動し，思わず手を合わせたのかもしれない。そんな情景が伝わってきそうな句である。

北原白秋も小さな命の息吹に根源的な生命を見出している。

> 薔薇の木に，薔薇の花咲く，なにごとの不思議なけれど。
>
> 　この私の短い詩を見て，何が面白いと云った人が居る。あたりまへだと云ふのである。あたりまへには違ひはないが，冬の枯れすがれた薔薇の木の小脇からあの真紅な薔薇の花が咲きひるがへる目の前の不思議さを，ただあたりまへと見る事ができようか。何でも無いといふのはあまりにも霊が鈍っている。私はハッと驚いたゆえに涙がながれた。頭がしぜんと下って，この世の神心の前に掌を合わせたのである。
>
> 　　　　　　　　　　　（『洗心雑話』）

私達は自然を見るとき，つい興味本位に単なる好奇心で見ようとしがちだが，本当に自然を見抜くには，心を込めて一所懸命（一つの所に命を懸ける）に見なければならない。

> 桜花いのち一杯さくからに生命をかけてわが眺めたり
> 岡本かの子（小説家，歌人，岡本太郎の母）

宮本武蔵は「物を見る目には，"観の目"もあれば"見の目"もある。観の目は物の生命を洞察し，見の目は物の皮相に触れるに止まる」と言っている。見る者の見方一つでその深さが違ってくるのである。このように，自然観察は奥が深く，見る側の内面の深さの分だけ見えてくるのである。河井寛次郎のいう「何もない，見ればある」という言葉に尽きている。

3．修養としての自然観察の方向性

心を深く耕し，豊かな心を育むための自然観察の観点を，以下に8つにまとめた。

(1) 驚きと感動

国木田独歩は『牛肉と馬鈴薯』の中で主人公に次のように語らせている。「びっくりしたいというのが僕の願いなんです」「宇宙の不思議を知りたいという願いではない，不思議なる宇宙を驚きたいという願いです！」

驚きを感じる自然観察，感動を味わう自然観察，これは何も珍しさを求めるものでも，広大な自然に身を置くことでもなく，身の回りのごく身近な中から，驚けるもの，感動できるものを見出し観察することである。それには素直に驚ける心，つまりレイチェル・カーソンのいう"sense of wonder"をもつことであり，本居宣長のいう「もののあはれ」を感じる心が養われていることが不可欠である。驚く心とは豊かな

情緒や感性が磨かれたときにこそ豊かに発揮し得るものである。

(2) 思議を超えた不可思議の世界

　分別や思議を超越した世界が目の前にあることに気づいていないことが多いものである。科学に傾倒し過ぎたがために自然現象のすべてを科学的な説明で納得しようとする傾向が強い。何もかも，科学的説明を求めようとするのである。論理を超越した世界があることにも気づかなければならない。不思議としかいいようのない自然の姿に触れることは，そのような超越的な存在を意識する良い機会となる。そこでは無限に想像力を働かせ，悠久無辺の世界を描くことができる。この想像性こそが豊かな創造性を育むことに繋がるのである。

(3) 生命への畏敬の念

　自然に対して畏れ敬うという敬虔な気持ちを養うことは，すべてのものへの思いやりや慈しみ，やさしさの心を養う上で大変重要な役割を果たす。生命がもつ整然たる秩序に触れるとき，誰もが驚きその偉大なる働きの前にひれ伏す気持ちになるものである。生命への畏敬は自己自身の生命への畏敬つまり自尊感情そのものの涵養にも通じる。自己の尊厳さの自覚が他者への深い尊敬と思いやりへと結び付いてくるのである。

(4) 自然の恵みへの感謝の心

　自分という存在は一人で生きているのではなく，自然に生かされているという自覚が深められることが大切である。また，他の多くの自然物と深くかかわりながらあることを実感することである。つまり，関係性に目を向けて自然を見直してみるということである。そうすればおのずと感謝の念が湧いてくるものである。

(5) 物皆自得の自覚

　自然の中に見られるすべてのものは，それぞれに与えられた位置を占めながら自得つまり自らを得ているのである。自ずからを自らに体現している姿こそ，自得していることである。人間を除く自然界すべてのものが自得した姿を現出している。それをじっくり感じ取ること，そして自己自身の自得の姿を描いていくことである。すると，自ずから自尊感情が湧き，自重の思いが湧出してくるものである。

(6) 自然との一体感

　自然との一体感を深めるためには自然に心のリズムを合わせることが必要である。ゆったりとした時間の中でじっくりと自然に浸りきること，我をも忘れるくらいに夢中になって自然の中に没頭することが求められる。また，自然の中で瞑想，静思，静観することも大切な活動となる。気持ちのゆとりや心の落ち着き，安らぎや静寂の心境というものは自然の中でこそ涵養されるのである。

(7) 自然を哲学し，自然に参究する

　自然のあらゆる事柄について深く思索することが大切である。哲学するとは，まず自分で疑問に思い，不思議を感じて，自分なりに考えてみる習慣をつけることから始まる。身近な自然物の中にも哲学することはいくらでも転がっている。自然を哲学することが自己の存在を問うことそのものにつながり，自己を深く見つめることが自然に参究し没入することとなる。

(8) 直観，直覚を磨く

　現代人は人工物に囲まれて生活しているために，自然のリズムに合った生活がしにくくなっている。自然のリズムに合ったとき直観が働くものである。心を自然に合わせるという生き方こそ無理のない自然体，自然流のあり方である。

4．小さな自然との大きな出会いを！

　自然観察と言っても何か特別なものを見るとか，生物の名前を覚えるといういかにも勉強らしい活動というものではなく，もっとゆったりとした，忘れられ見過ごされている身近な生命との出会いを求める活動とでもいうような，大らかでのんびりとした活動である。このような自然観察の時間を四季折々に設けている。対象学年というものはなく，1年から6年までそれぞれの学年に応じて展開できる。以下に，自然観察のとらえ方と一応の活動の流れを示した。実際には学年に応じてやさしくわかりやすく投げかける必要がある。

〈自然観察の意義〉

　校庭には，一見限られた自然しかないように思える。植栽された樹木と小さな学習園と花壇。しかし，丹念に見るとそこには無限の自然があふれている。
「何もない，見ればある」と河井寛次郎はいう。
　見る目さえもって眺めれば，無限に見えてくるものである。
　こんなものしかないと，限りをつけているのは，私たちの心である。
　足元に生える雑草の一本一本に心を配れば，一つ一つのいのちが見えてくる。
　一本一本の樹木に目をやれば，それぞれの個性の輝きが伝わってくる。
　野鳥たちの一羽一羽の動きに目を注げば，それぞれの違いがわかってくる。
　空に，大地に，空気に，音に，においに，肌触りに，それぞれにたとえわずか5分間でもじっくりと味わうように親しんでみると，今まで見過ごしていたことに必ず気づき，何かに出会えることができる。
　まず，私達の心を落ち着け，波立たないように，静かに，ゆったりとして，自分を取り巻く世界をすみずみまで見渡してみよう。
　ゆっくり歩くのがいい。立ち止まってみるのもいい。その場にしゃがみこんでみるのも面白い。大きく上を眺めてみるといい。見渡してみるのもいい。寝転んでみるのも面白い。
　そして，次に示す俳句や詩のようなこころ持ちになって，周りの自然を受け止めてみよう。きっと，自分に語りかけてくれる何かに出会えるはずである。
　　　よく見れば　なずな花咲く　垣根かな　　　　　　　　　　　　　（芭蕉）
　　　朝顔に　つるべとられて　もらい水　　　　　　　　　　　　　　（千代女）
　　　ばらの木に　ばらの花咲く　なにごとの不思議なけれど　　　　　（北原白秋）

〈自然観察の進め方〉

・いろいろな自然物との出会いを求めて，一人ずつに分かれて校庭を自由に散策し，ここと思う場所を決めたら，そこを中心にその周辺をゆっくりていねいに観察する。
・欲張らなくてもいい，たった一つ，小さな小さなことでいい，小さな発見，小さな驚き，小さな感動，小さな出会い。それを大切にして出会いの記念として，自分だけの心の交流をそっと言葉や簡単なスケッチに記録してみよう。
・もとの場所に集合して，感じたことや出会ったことを互いに分かち合うことで，他の人の自然の見方を学ぼう。

〈自然観察をするときの心構え〉
①生き物の名前にこだわらない。
　これはなんだろうと名前を知ろうとせずに、そのものの面白さ、不思議さ、美しさに素直に驚き、感じ、味わおうとすること。今日は名前というものを一切忘れて、人間がつけた単なる記号でしかない名前にこだわらずに、名前を超えてその存在そのものに目を向け、そのものの本質とじかに出会うことを考えてみよう。
②部分の名前を気にしない。
　これは草だ、木だ、虫だ、鳥だとも思わず、花だ、おしべだ、枝だ、根だ、という体の部分の名前にもこだわらず、徹底して目の前のものそのものとじかに出会うことに心がけてみよう。
③平凡や珍しさにもとらわれない。
　珍しいものであろうが、ありきたりの平凡なものであろうが、そんなことには一切関係なく、ただ心に感じるものとの出会いを大切に考えて、純粋な気持ちで、すべてのものに初めて出会う気持ちで接すること。
④心を通わせよう。
　目の前の自然と気持ちを通わせるつもりになって、じっくり眺めよう。一体となるつもりで、心を合わせるように、自分自身が自然のリズムに合わせていくように努力してみよう。
⑤自分だけの出会いを大切に。
　今日は一人ひとりにとっての出会いの価値が大切であって、人と比べて珍しいもの探しをすることではない。自分自身の心の中での納得と喜びと感動や驚き、そのことが何よりも優先されること。

　以上のような活動を通して身近な自然を見直してみると、今まで何を見ていたのだろう、こんなにもいろいろなものが生きていたのか、と驚くことがたくさん出てくるものである。身近な世界が違って見えてくるのである。

5．自然体験から自然経験へ

　自然を相手に、また自然の中で何かの活動をして楽しく過ごすという表層的な自然体験活動が多く行われているように思われる。これは子どもも指導者も何かやったという一過性の満足感が得られるだけで、そこから果たしてどれほどの学びと心の充実が得られるであろう。レクリエーションとして楽しむだけならそれでもいいだろうが、教育の一環としての自然体験であるならば一考を要することと思う。単に活動するという一過性の活動つまり自然体験から、自己の変革に繋がるような、活動の蓄積によって内面に質的な深化を伴うような活動、自己の内に結晶化してくるような活動を自然経験とあえて呼んで区別したい。修養としての自然観察はこの自然を経験するところにこそ価値がある。自然観察において体験の経験化を図るには、根本的に自然観察に対する考え方を変えることが求められる。自然観察は自然を鏡として自己を投影し自己を深く見つめる活動であることに気づくならば、「生き方としての自然観察」「道としての自然観察」にならざるを得ないのである。

6．身近な植物に生き方を学ぶ

多様な植物の生活史から自己の生き方を学ぶ視点を見出し，まとめたものが次の12である。

（1）バランスをとって調和するのが植物の生き方

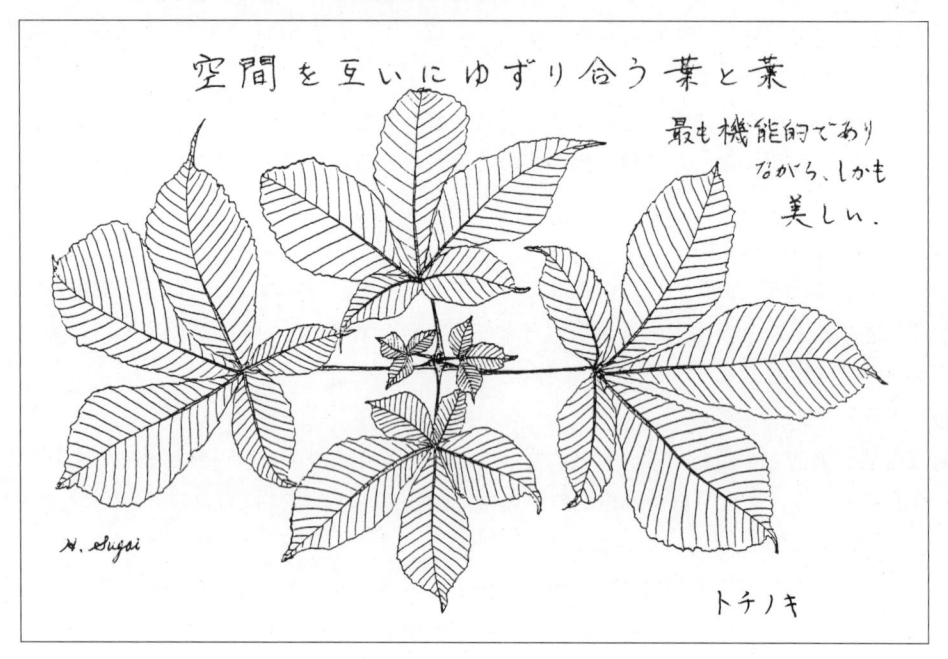

空間を互いにゆずり合う葉と葉

最も機能的でありながら、しかも美しい。

トチノキ

（2）守るしくみは万全

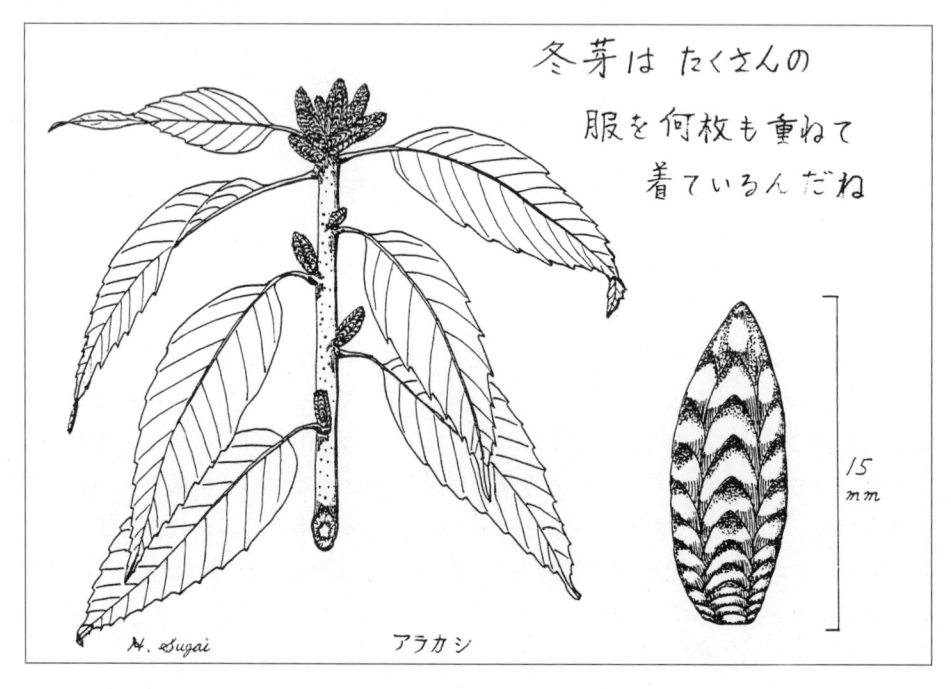

冬芽はたくさんの服を何枚も重ねて着ているんだね

15mm

アラカシ

（3）多様性こそ生物の特性

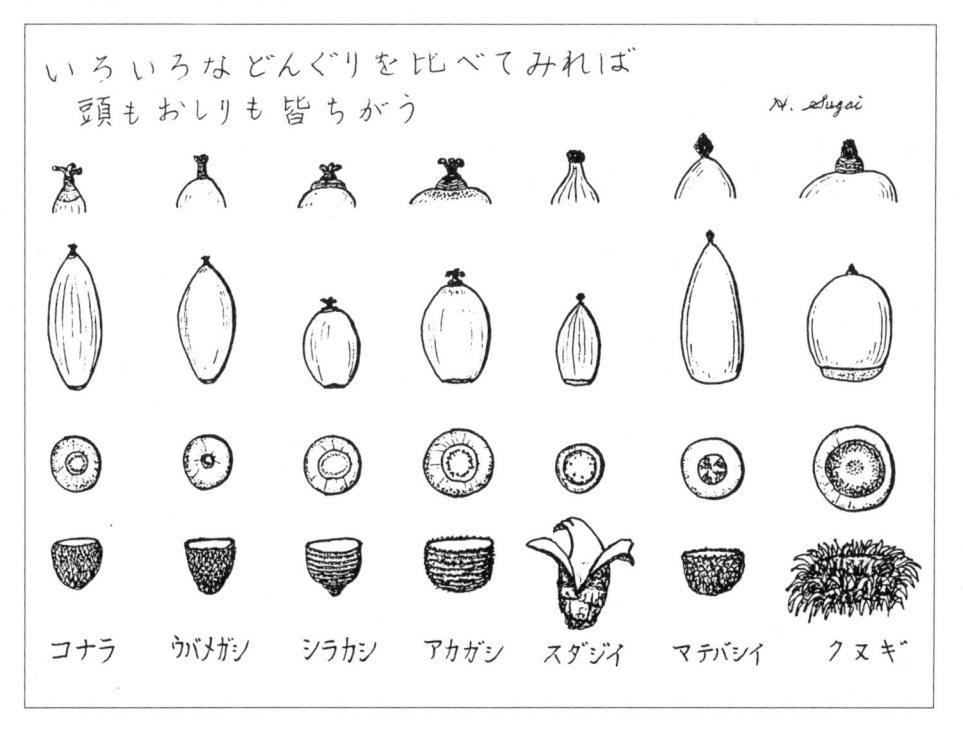

いろいろなどんぐりを比べてみれば
　頭もおしりも皆ちがう

N. Sugai

コナラ　ウバメガシ　シラカシ　アカガシ　スダジイ　マテバシイ　クヌギ

（4）個体変異は常のこと

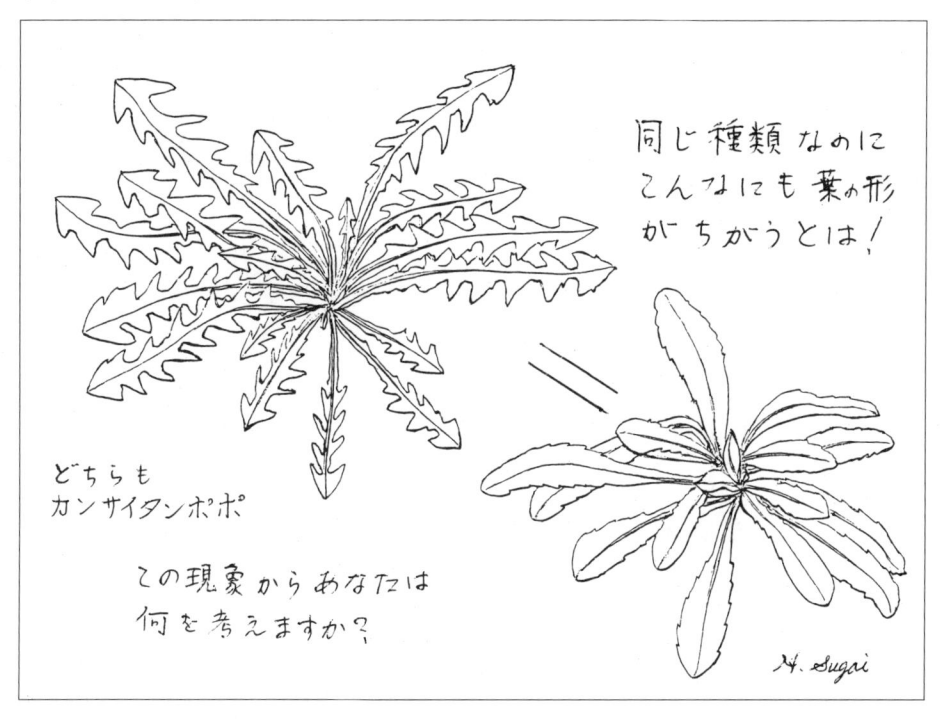

同じ種類なのに
こんなにも葉の形
がちがうとは！

どちらも
カンサイタンポポ

この現象からあなたは
何を考えますか？

N. Sugai

（5）子孫を残すための知恵

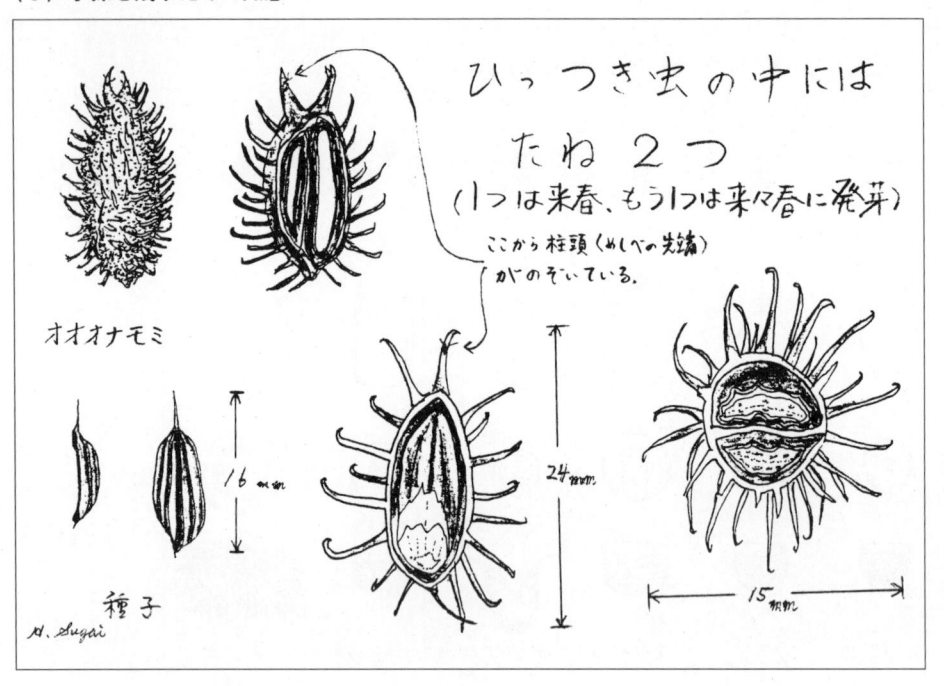

ひっつき虫の中には
たね2つ
(1つは来春、もう1つは来々春に発芽)

ここから柱頭（めしべの先端）がのぞいている。

オオオナモミ

種子

16mm

24mm

15mm

（6）生きているから変化する

ツルタケ

（7）臨機応変

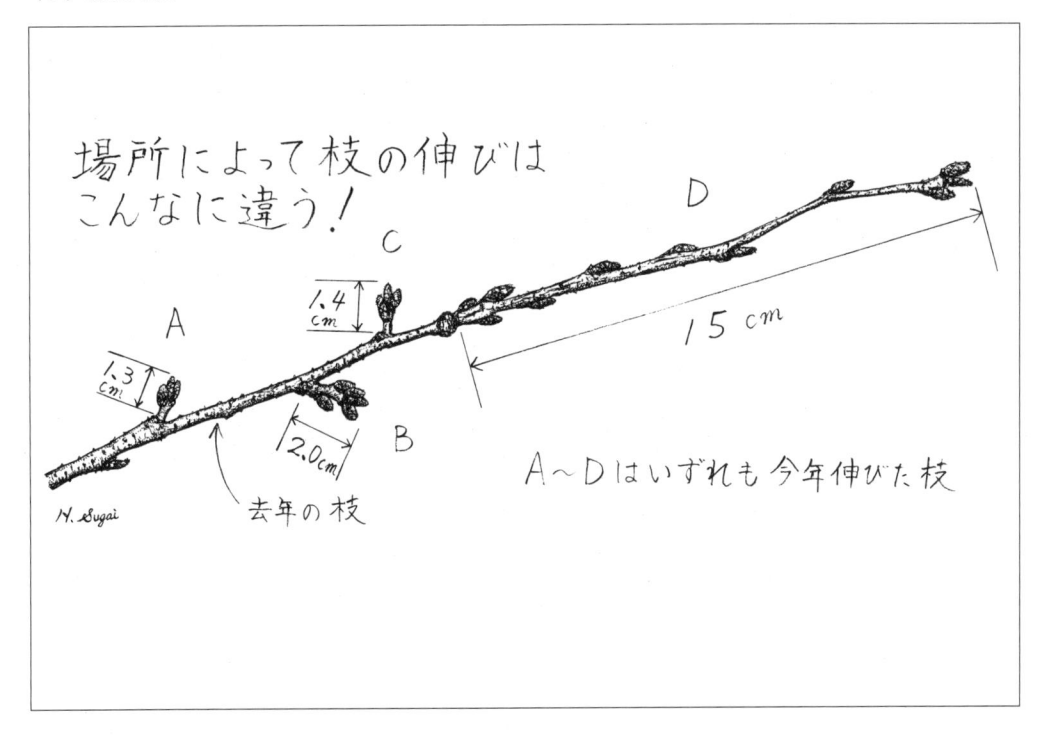

場所によって枝の伸びは
こんなに違う！

A 1.3cm
C 1.4cm
B 2.0cm
D 15cm

去年の枝

A～Dはいずれも今年伸びた枝

（8）give and take

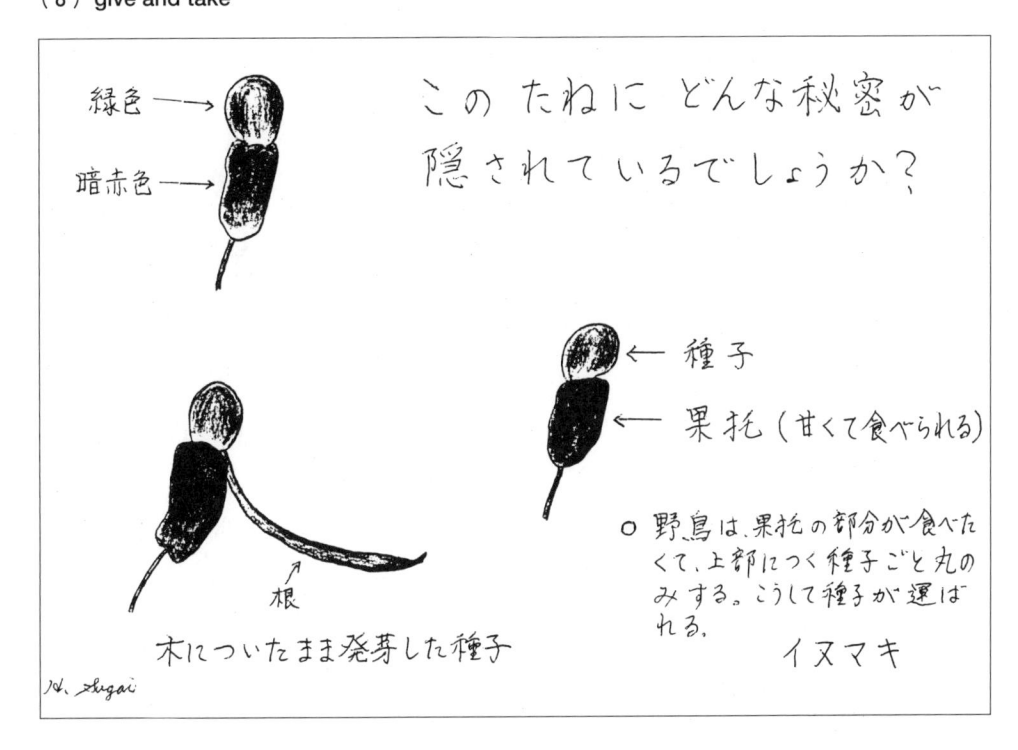

緑色 →
暗赤色 →

このたねにどんな秘密が
隠されているでしょうか？

← 種子
← 果托（甘くて食べられる）

○ 野鳥は、果托の部分が食べたくて、上部につく種子ごと丸のみする。こうして種子が運ばれる。

イヌマキ

根
木についたまま発芽した種子

(9) バランスを考え，調整力を発揮する

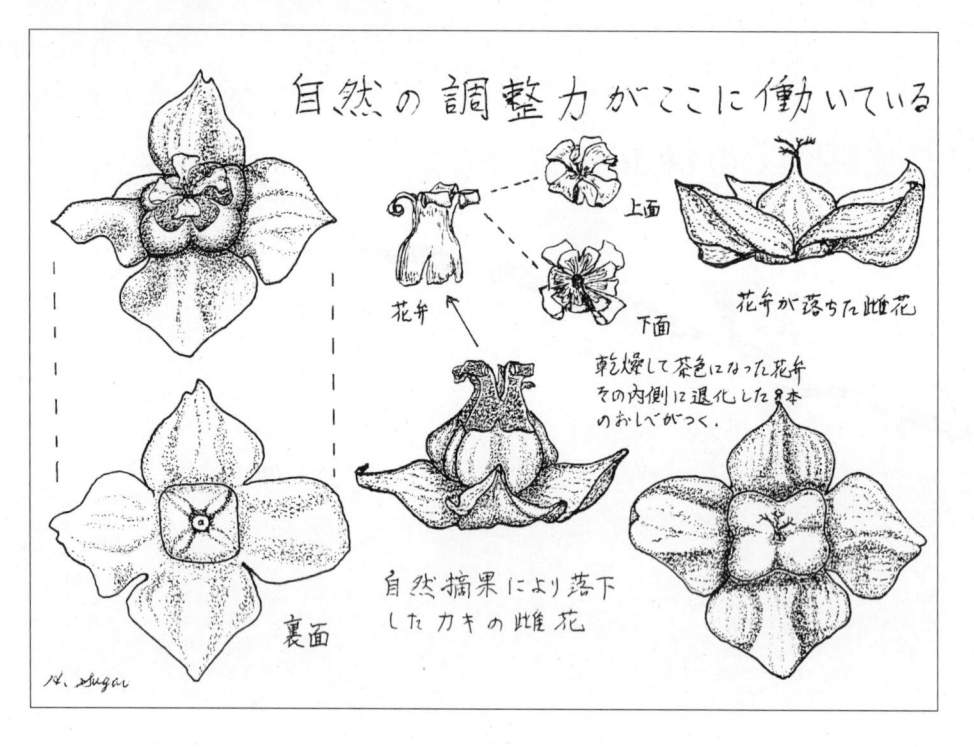

自然の調整力がここに働いている

上面
花弁
下面
花弁が落ちた雌花
乾燥して茶色になった花弁
その内側に退化した8本
のおしべがつく．
裏面
自然摘果により落下
したカキの雌花

(10) 攻めより守りを堅く

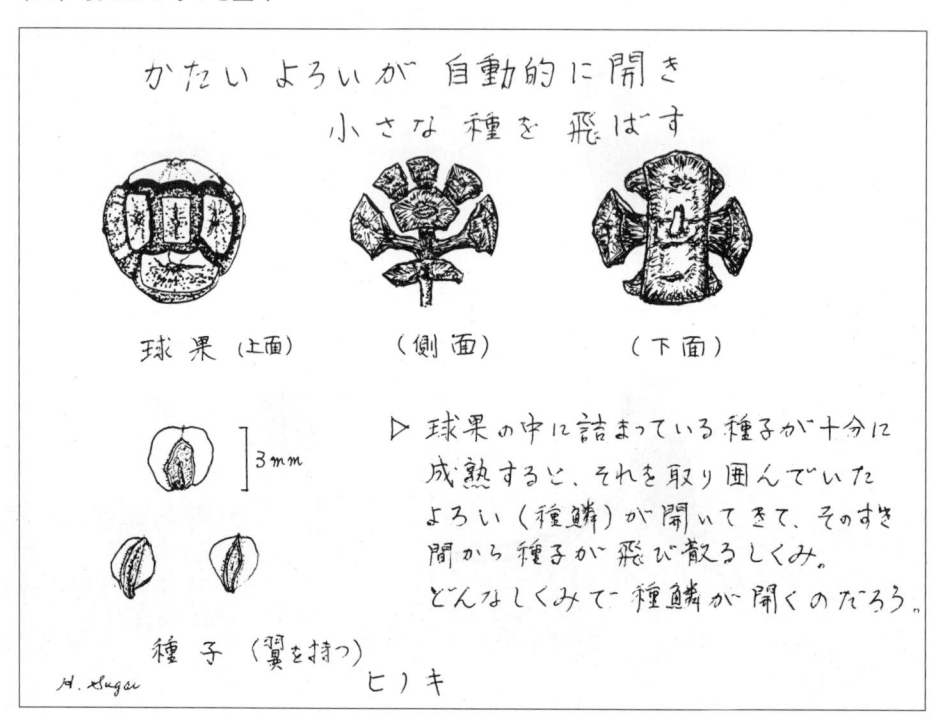

かたいよろいが自動的に開き
小さな種を飛ばす

球果(上面)　(側面)　(下面)

]3mm

▷ 球果の中に詰まっている種子が十分に
成熟すると、それを取り囲んでいた
よろい(種鱗)が開いてきて、そのすき
間から種子が飛び散るしくみ。
どんなしくみで種鱗が開くのだろう。

種子(翼を持つ)
ヒノキ

第1章 ● 自然観察から生き方が見えてくる

(11) 多様に生きる

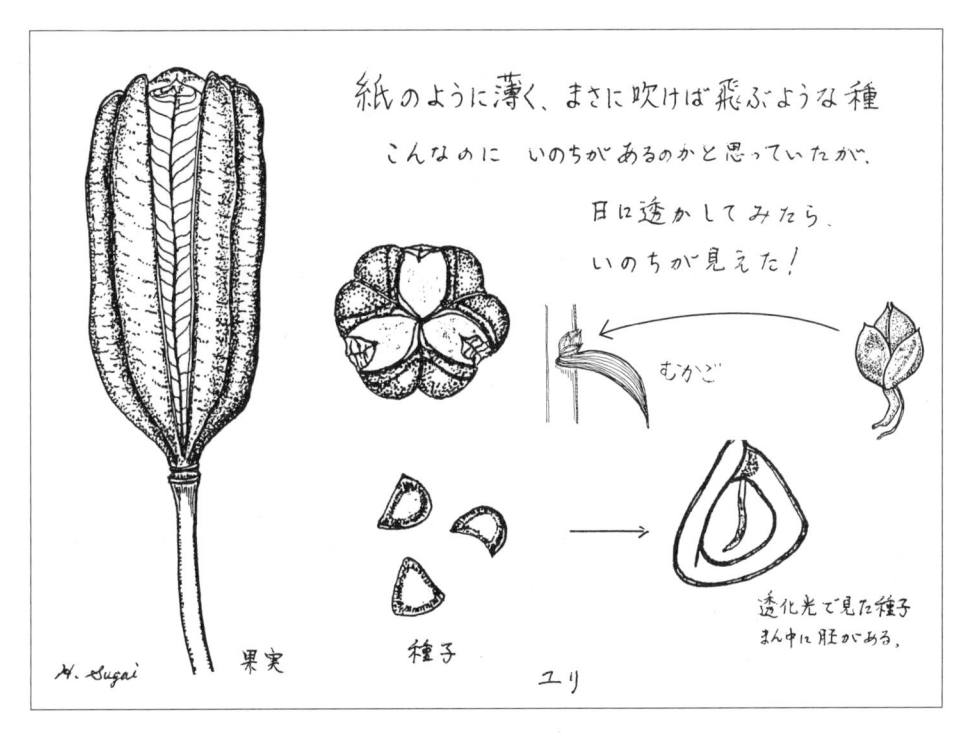

紙のように薄く、まさに吹けば飛ぶような種
こんなのに いのちがあるのかと思っていたが、
日に透かしてみたら、
いのちが見えた！

むかご

透化光で見た種子
まん中に胚がある。

果実　種子　ユリ

(12) たくましく生きる

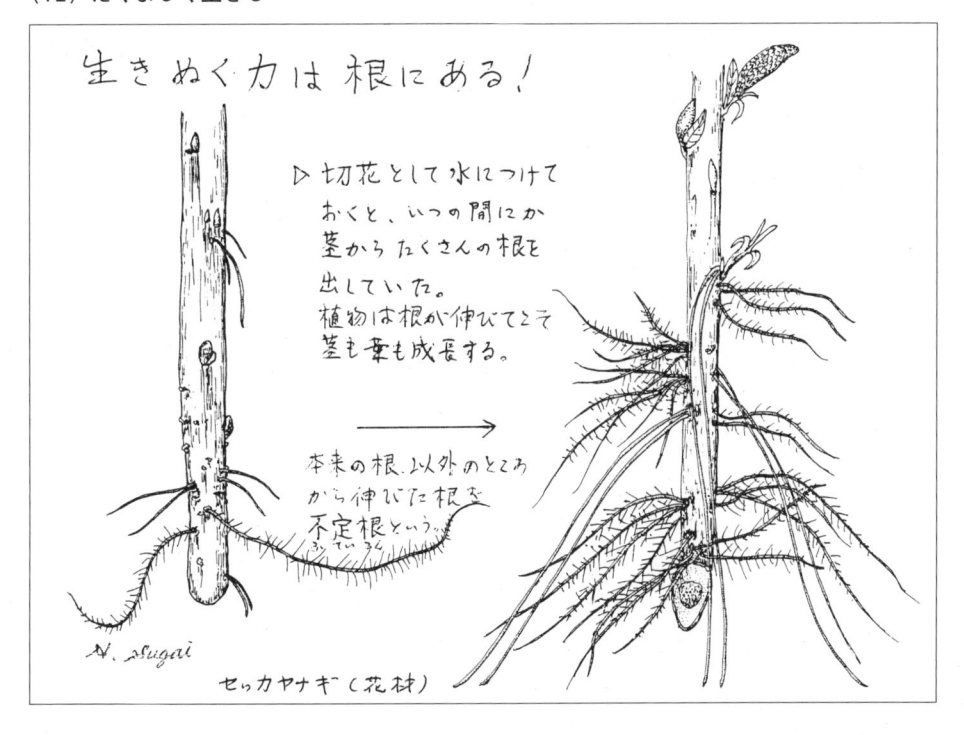

生きぬく力は 根にある！

▷ 切花として水につけて
おくと、いつの間にか
茎からたくさんの根を
出していた。
植物は根が伸びてこそ
茎も葉も成長する。

本来の根以外のところ
から伸びた根を
不定根という。

セッカヤナギ（花材）

II. 生き方を学ぶ自然観察

第2章 子どものための自然哲学入門

まめつぶから大自然・自己を考える

今日の学習の中で，もっとも足りない点はじっくりと深く考えることである。考えるといっても，算数や理科などにおいて教科内の課題や問題を考えるということではなく，もっと根源的な問いを考えてみるということである。子どもがよく大人に尋ねる「なぜ，地球は回っているの？」「なぜいろいろな種類の生き物がいるの？」というようなたわいもない疑問の中に，実は存在の本質にかかわる重要な問題が隠されている場合が多い。私達はふだんそのような問題や疑問は考えてみても回答が得られるわけではないし，考えるだけ無駄というような見方をしてしまいがちである。科学的に回答が得られる疑問ではないとなると，それは意味のない疑問であるかのように思われがちである。しかし科学を超えた問いこそ私達の存在そのものにかかわる重大な問題なのである。身近なものから根源的な問いを考え直そうという試みがこの実践である。

1. 科学の根源に立ち返る

(1) 自然を哲学することの必要性

「自然を総合的に見ること」ができる能力は，これからの時代において必須のものとならざるを得ないと考える。自己の生命の問題に迫る臓器移植や遺伝子治療などの医学の発達，環境ホルモンやダイオキシンなどの環境汚染，知らない間に自分の生活を規制していくコンピュータ社会，これらは科学の発達と深くかかわり，科学というものを人間の真の幸福と照らし合わせて再検討しなければならないときに来ている。個人として自己の人生を充実したものとして生きる上においても，また，健全な社会を築いていく上でも科学の根源に立ち返って科学のあり方や自然の見方を再考することがきわめて重要であると感じる。

このようなことは，大人になってからでよいのではという考えもあるが，むしろ，小さい頃から科学の矛盾や限界性に気づきつつ科学を学ぶことが大切なのではないだろうか。そのためには，科学の知見をやさしく教えることも必要だが，一方において科学そのものをもっと根底から見つめ直してみるという視点が要求される。科学の根源をたどれば，ソクラテスやアリストテレスに始まる自然哲学に返る。たとえ素朴であっても，子どもなりに自然を哲学することを積み重ねることは，自然を総合的に見ていくためには欠くことのできない道であると思う。現在においても自然は解明しつくされたものではなく，また自然の一員である人間すらも不可解なままである。自然はいつの時代になっても問い続けられなければならず，また問い続けること自体が人間存在の意義を思索することにもつながり，自己認識を深めることになる。科学の体系的な知見を取得することばかりに走り過ぎて，自然を哲学することが忘れられている現在，自然を問い続けることの意義を再認識したいものである。

(2) 子どものための自然哲学入門
〈哲学するとは意味や価値を考えること〉

子ども達は自然の中で，おや？どうして？なぜ？と不思議に思うことがたくさんある。しかし，その多くの場合，その時一瞬思っただけですぐに忘れてしまったり，たとえそのことにつ

いて調べたり考えたりしたとしても，本か人の話の科学的な説明で満足してしまって終わる場合がほとんどである。そこをもう一歩突き進んで，なぜ？を考え深めてみようとするのが自然を哲学することである。しかし，自然界の事物現象の原因や因果関係を物質的に説明をつけようとすることではなく，その意味や価値・意義を考えようとすることである。存在理由や存在意義などといえば難しく感じるが，素朴に自分なりに考えをめぐらせることに意義を見出したいと考えている。正解が一つあるというものではなく，自分なりの解釈をつけてみることにより，自然の見方を変え，自分自身へも引きつけた見方へとつなげていきたいと考えるからである。

2．本学習「まめつぶから自然を考える」の流れ（第5学年）

(1) 指導観
〈多様性と統一性〉

　自然界を構成している自然物は実に多様である。鉱物，岩石，土，砂などの無機物も地域によって多種多様である。また，世界には約200万種以上といわれる動植物の種類も千差万別である。その中をさらに細かく見ると，同じ種類であるアサリの模様が千変万化している。同種のサクラであっても樹形は個々に異なり，さらにそれぞれが付けている何万枚の葉の葉形や葉脈がすべて異なっている。このように見れば，この世界のすべてのものはどれ一つとして同じものはなく，すべて異なるのである。それでいながらそこにはある共通点が見出され，統一のとれた世界を読み取ることができる。多様性の中に統一性が軸として貫いている世界，この不思議さの意味を考えることはこの世界の多様性の一表現体として自己の生命の存在意義を考えることにも通じ，自然哲学の重要な柱である。

〈子どものための自然哲学ということ〉

　自然哲学という言葉は硬くて重々しく感じられるが，身の回りの自然についてふだんは見過ごしがちなことや当たり前のこととして過ぎてしまっていることを，ほんの少し深く考えてみたいというほどのことである。にもかかわらず，自然哲学という言葉を持ち出すわけは，その考えてみたい方向が，自然科学が求める因果関係や構造論的または機能論的説明ではなく，哲学的な方向であるからである。この世界の「あるわけ」を考えてみたいのであって，この世界の「ありよう」を探究しようとするものではないのである。「あるわけ」とは存在理由や価値，意味を問うことであり，「ありよう」は形状や様態を物質的に説明できること，つまり科学的な解釈を与えることである。このように，自然を考えるといってもその方向性はまったく異なるから，誤解のないように考える方向性を明確化するためにあえて仰々しく自然哲学という言葉を持ち出しているとともに，どんなに素朴であってもこの世界の「あるわけ」を考えてみることは立派に哲学することであると思うからである。さらに，現代においてこそ，科学的解釈だけで満足せずに哲学することの重要性を感じるからである。哲学するということは，この世界の根源を見つめることであり，その世界に生きる自己を見つめ，自己のあり方を問うことである。

〈まめつぶから世界を見つめたい〉

　ササゲという小さなまめの表面にはなぜかさまざまな模様がある。その模様を仔細に眺めると一粒一粒異なっている。一つとしてまったく同じ模様がない。実に千差万別である。自然界はなぜこんなところに多様性を発揮しているのか？

　また，みんな違っていながら，そこにはある共通性が見出される。だから誰が見てもササゲ

だとわかる。この小さなまめつぶの多様性の意義を考えることは、他の多くの生物に見られる多様性の意味・価値を考えることにつながる。また、その視点から自然という世界を考えることにつなげ、さらに自分という人間の存在が多様性の価値の中でどういう意味を持ってくるかを関連づけて考えられることが大切であると思う。

(2) 本学習の目標

　ササゲのまめの表面の模様を比較する中でその多様性に気づき、その意味や意義、価値について考えるとともに、その考えを自己の存在についても照らし合わせて、自然という世界にまで考えを広げていくことができる。

(3) 展開（全2時間）

児童の活動	指導上の留意点
1．自分のまめを1つ選び、そのまめの模様をスケッチした上で、まったく同じ模様のまめを探す。	・スケッチすることでまめの模様をしっかりととらえさせる。 ・同じ模様のまめを探すことを通して、まったく同じ模様がないことや、似たものがいくつかあることにも気づかせる。
2．任意にまめを10個取り出し、その模様を比較してみる。	・たくさんのまめから任意に10個を取り出しても、やはり模様はすべて違っていることから、一つとして同じ模様がないことに気づくとともに、驚きを感じさせたい。
3．なぜまめの模様がすべて違うのかを考える。	・「なぜ？」についての答えには原因や構造を科学的に説明しようとする方向（ありよう）と、その事実や現象の意味や意義、価値を問う方向（あるわけ）の2方向があるので、後者のなぜを考える方向に導く。前者も否定はしない。
4．他にも個々に違うものがあるか考える。	・葉脈、樹形、アサリの模様など、さまざまな生物から、指紋や手相、人相など人へと結びつけていく。そして詳しくいえばこの世界には一つとしてまったく同じものは存在しないことに気づかせる。
5．生物の多様性について自然界でどのような意味があるのかを話し合う。	・自然界全体について多種多様な存在の意味を自分なりに考えてみるとともに、自分という世界に一つしかない存在についてもその価値や意味を考え話し合う。

第 2 章 ● 子どものための自然哲学入門

まめの模様を観察する子ども達

ササゲのまめの模様

3．子ども達はまめつぶから こう考えた

「なぜ，まめの模様は一つ一つ違うのだろうか？」という疑問について各自の考えるところを話し合った結果，以下のような考えが出た。

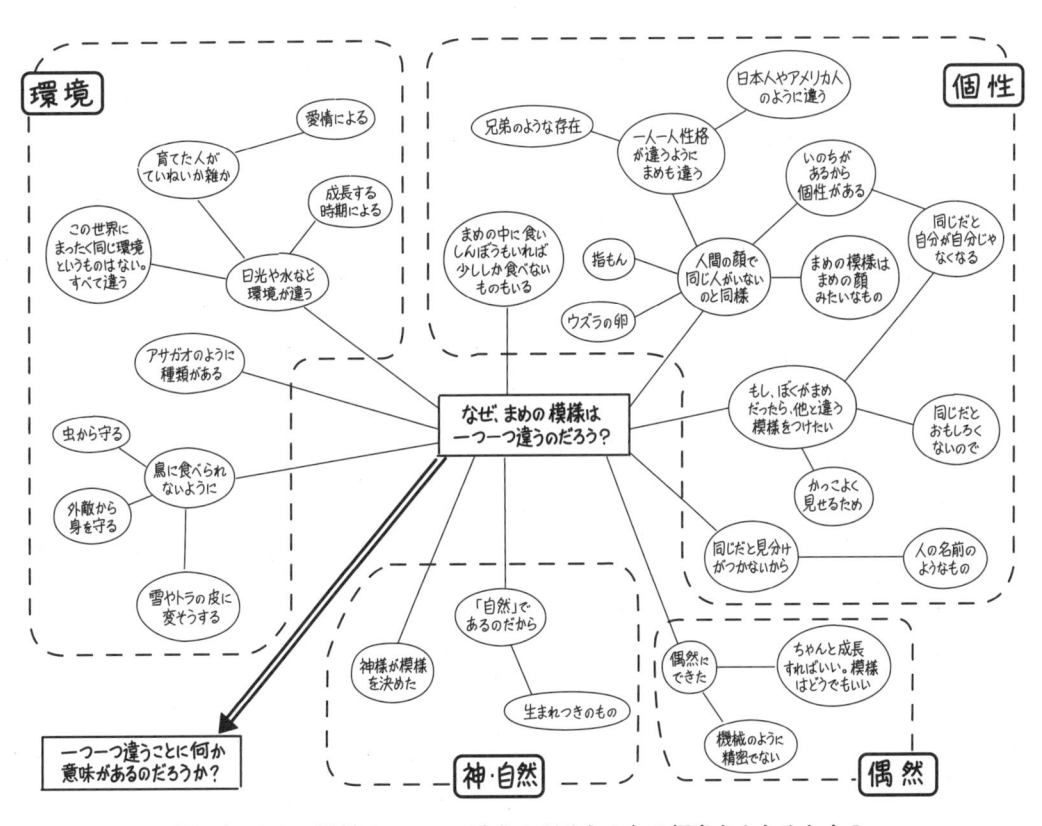

環境
- 育てた人がていねいか雑か
- 愛情による
- 成長する時期による
- 日光や水など環境が違う
- この世界にまったく同じ環境というものはない。すべて違う
- アサガオのように種類がある
- 虫から守る
- 鳥に食べられないように
- 外敵から身を守る
- 雪やトラの皮に変そうする

個性
- 日本人やアメリカ人のように違う
- 兄弟のような存在
- 一人一人性格が違うようにまめも違う
- いのちがあるから個性がある
- まめの中に食いしんぼうもいれば少ししか食べないものもいる
- 指もん
- ウズラの卵
- 人間の顔で同じ人がいないのと同様
- まめの模様はまめの顔みたいなもの
- 同じだと自分が自分じゃなくなる
- もし，ぼくがまめだったら，他と違う模様をつけたい
- 同じだとおもしろくないので
- かっこよく見せるため
- 同じだと見分けがつかないから
- 人の名前のようなもの

神・自然
- 「自然」であるのだから
- 神様が模様を決めた
- 生まれつきのもの

偶然
- 偶然にできた
- ちゃんと成長すればいい。模様はどうでもいい
- 機械のように精密でない

中心：なぜ，まめの模様は一つ一つ違うのだろう？

→ 一つ一つ違うことに何か意味があるのだろうか？

「なぜ，まめの模様は一つ一つ違うのだろう？」の板書をまとめたもの

それをまとめると，子ども達の考えは大きく3つに分かれた。その1つは「環境に原因を置く考え」，2つ目は「多様性を人の個性と同じととらえる考え」，そして3つ目には「偶然，自然，神様に帰結する考え」であった。初めは理科的に考える子が多く，まめの模様の違いを生育環境の違いに由来するものとする見方に偏っていた。

　そこで，「なぜ？」を考える方向に，その原因の科学的な説明を求めようとする方向（ありよう）と，そのものの意味や意義を考える方向（あるわけ）があることを示唆し，後者の方を追求することを促した。そして，全員に「一つ一つ模様が違うことに何か意味があるのだろうか？」という問いかけをしてみた。その結果をまとめてみると以下のような考えが出てきた。

〈5年生の考え〉
- 1粒ずつ違うのは，一生懸命に生きようとしてがんばっている証拠。
- 人間と同じで1粒ずつ違うので個性があり，まめである証だ。
- まめは生きているんだから個性があって当たり前で，一つずつ違うところにまめの気持ちが含まれている。
- まめもこの世でたった一つしかない命だから。
- 人間も一人ひとりの名前にこめられている意味が違うように，まめだって一つ一つ違う模様があるということは，それだけ大切にされているということ。
- 世界に一つしかない，大切にというまめの願い。
- 個性がまめの模様に出てアピールしている。
- きれいな模様をつくり，美しさを競い合っている。
- 自分が自分だとわかるように。自分は自分だという証。
- 生き物はすべてまったく同じということは絶対にないから生きている証拠。

△自然にできたものだから意味も何もないと思う。
△生まれつきで，自分から望んだのではなくて偶然だから特に意味はないと思う。意味を期待して模様を変えたのではない。

〈6年生の考え〉
（同じ内容の授業を学年を変えて実践した）
　6年生には「すべて違っているということにどんな価値があるのだろう？」という問いかけをした。
・一つ一つが違って，その一つ一つが独特の個性をもっているというところに，まめにも人間と同じような価値があると思う。
・みんな違うから生きている意味があると思う。
・すべて違うというのは私達の生活の中でいろいろ役立ったり，おもしろさを感じたりすることができるんだと思う。
・一人ひとり違う考え，意見によって新しい文化が誕生してくるのだと思う。また，お互いよいところ，悪いところ，おもしろいところが違うので，とても楽しい世の中になると思う。
・すべて違っているということは，世の中でそれがたった一つしかないということだ。自分自身も世界に一人しかいない。ふだんはあまり考えないことだけれど，これは本当におもしろく，すごいことだと思う。
・自分と同じ人が一人もいないと思うことから，自信が生まれ，やる気が出ることも価値だと思う。
・すべて違うということは世の中にたった一つしかないかけがえのないものである。個性があってすべて同じでないからこそ，そこに世の中のおもしろみがあり，一つ一つに価値があるのではないかと思う。
・世界でただ一つということでその物を大切にすることができるし，他と違うということで自分を尊重できる。そしてそれぞれの得意な部分で活躍することができる。
・みんな違うから世の中にいろいろなことをもたらすことができる。そこがいいんだと思う。
・一人ひとり違ってこそ初めて生きている喜びが感じられるのだ。それぞれの個性はそれぞれの生き方である。

　以上，子ども達の考えは，まめの模様の違いを人間や自分自身に重ね合わせて考えることによって，違うということの価値をとらえようとしている。確かに，言葉では何とでも言えるので，どこまで自己の生き方につなげて述べられているかは疑問である。しかし，まめの模様からでもこの世に一つとして同じものはないということ，そこに無限の価値があるということ，そして自己自身の個性についても同じことが言えるということなどを，一度でも立ち止まって考えてみたという経験が，今後の自己の生き方にどこか反映してくることもあるのではないかと期待したいのである。

4．子どものための自然哲学をどのように実践するか

〈小さな積み重ねこそが大切〉

　哲学するといっても，机に向かって悩み込むような陰鬱なことではなく，そういえばそんなこと考えたこともなかったなあといって，気楽に立ち止まって少し深く考える機会を持つこと，ただそれだけでいいのである。普通は見過ごしてしまうような些細なことの中に，重要な視点が隠されているのである。

　日頃子ども達が何気なく尋ねる「空はなぜ青いの？」「象の鼻はなぜ長いの？」「なぜ毒きのこがあるの？」「栗の実になぜイガがあるの？」などのたわいもない疑問や不思議。また一方で「人はなぜ死ぬの？」「なぜ人は戦争するの？」「なぜ病気がなくならないの？」など人類のいわば永遠の課題をずばり突きつけられることもある。このような子どもの素朴な疑問や不思議に対してごまかしたり，単に科学的な物質的な説明だけで満足してしまわないで，もう一歩掘り下げてより深く考えてみるところに哲学する価値が出てくるのである。

　自然に対するさまざまな疑問や不思議をまず感じること。次に，人に聞いて回答を求めるのではなく，子ども達が自分自身で考えてみるところに哲学することが生まれるのである。もともと哲学するような内容にはただ一つの回答があるというものではなく，また，回答を得ることよりも自分でちょっと深く考えてみることそれ自体に値打ちがあるのである。

　そこで，実践としては自然に対する何気ない素朴な疑問や不思議を引き出すこと，そしてわかってもわからなくても，それらの不思議や疑問を子ども達全員に投げかけて，ひとまず考えてみることの習慣を身につけていくことである。そのような小さな積み重ねこそが哲学することをおっくうがらずに，習慣化していくことにつながるのである。

　要は，機会あるごとに哲学することを投げかけていくことである。長い時間を取ることではなく，少しの時間を積み上げていくことに価値がある。

5．まとめ

　教育の中で自己のあり方や生き方を考える場面が少しずつ増えてきつつあることは嬉しいことである。しかし，うっかりすると職業教育や進路指導など自己の資質能力の特性を認識して適性を知るということに終わってしまうのでは

自然を哲学する視点

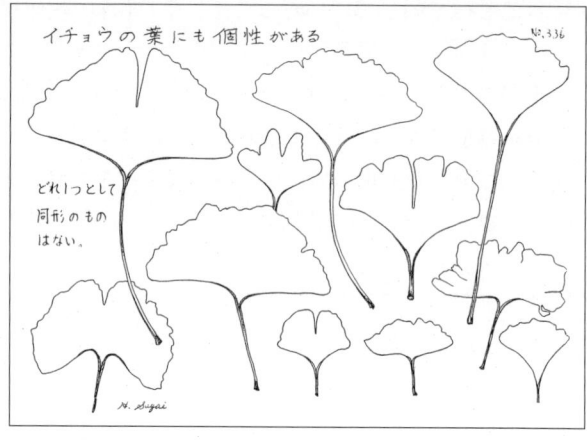

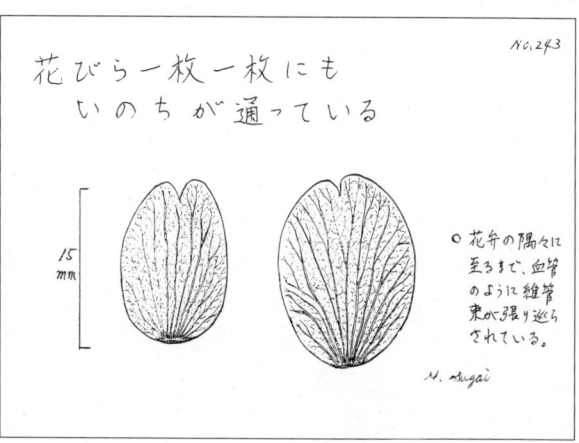

ないかという心配がある。また「わたし探しの旅」という言葉だけが先行して，表層的な自我や利己的な欲がもてはやされることのないようにしたいものである。そのためにもじっくりと自己を見つめ，この世界における自己の位置づけを自覚していくことはきわめて重要なことである。つまり，自分という人間の存在価値を自覚する方向に少しずつでも考えを向けていくことが大切である。そのために，どんなに素朴なものであっても自己の根源を考え抜くこと，つまり哲学することが必要なのである。

私は理科という教科を超えて，自己をも含めた「自然」というものをよく見つめ，深く考えていくことによって，自己の深層世界に目を向けるきっかけを作ることができるのではないかと考えている。そのために本学習のような内容のものを理科としないで「自然の学習」とし，その中で「子どものための自然哲学入門」という視点の教材を開発していくことによって，子ども達に素朴であっても哲学する経験を積み，常に自己を見つめる習慣を身につけられたらと願っている。

今回の実践は自然哲学入門として設定した第1回目ではあるが，これまでにも短時間でさまざまな角度から子ども達に問いかけを行ってきた。その結果から振り返ると，やはり機会あるごとに問いを投げかけ，哲学するきっかけを積極的に与えていかなければ，子ども達はせっかく良い教材があっても素通りしてしまうことを痛感した。哲学するとは，ちょっと立ち止まって少し深く考えをめぐらしてみることであって，そんなに難しく考えることではない。もちろん哲学していくことは実際には奥深く難しいことではあるが，子ども達には哲学への窓を開いてあげることさえできればよいのである。表層的で浅薄なとらえかたではなく，深く本質を見つめようとする目を養いたいと思う。今日の日本においては，教育だけでなく，政治や社会一般に哲学が抜け落ちてしまい，浅はかで軽薄な雰囲気が漂い，地に足がつかない所業が目立っているように思われる。子どもと共に哲学することは実に小さな一歩ではあるが，将来に期待してこの一歩からはじめる以外にはないと感じている。本質を静観し，内に哲学を持って，全体的総合的な視野から自己を見つめることが今最も求められているのではないだろうか。

よく見ると，みのむしもいろんな服を着ているんだね。

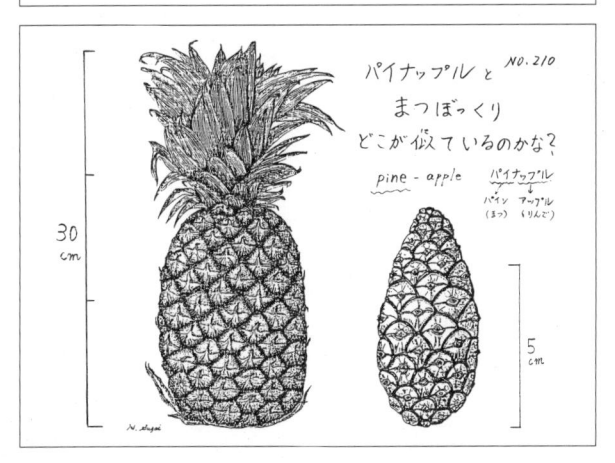

パイナップルとまつぼっくり どこが似ているのかな？
pine-apple
パイナップル
パイン アップル
(まつ) (りんご)

〈初出一覧〉
野外観察をどうするか？……………………………………「そこが知りたい生活科」文溪堂（1993年）
生活科に生きる教師のための自然観察入門…………………「小1教育技術」小学館（1991年6月号）
ここを見ると"自然がおもしろい！"…………………………「生活科授業を楽しく」明治図書出版
　　　　　　　　　　　　　　　　　　　　　　　　　　　　（1995年4月号～1996年3月号）
クイズで学ぶ自然の見方……………………「楽しい理科授業」明治図書出版（1997年4月号～1998年3月号）
私の自然観察論………………………………「とごころ」大阪教育大学附属池田小学校（1995年）
観察の真義を問う……………………………「とごころ」大阪教育大学附属池田小学校（1996年）
「一体観」を考える……………………………「とごころ」大阪教育大学附属池田小学校（1997年）
内なる自然の自覚と行為……………………「とごころ」大阪教育大学附属池田小学校（1998年）
「自然」に生きる………………………………「とごころ」大阪教育大学附属池田小学校（1999年）
自然の妙に「自然（じねん）」を洞察する楽しみ………………「初等理科教育」初教出版（1995年8月号）
生き方を学ぶ自然観察………………「教育研究」筑波大学附属小学校初等教育研究会（2000年12月号）
日本文化に根ざした自然教育の必要性　…………………………日本教育新聞（1996年11月23日）
自然とのふれ合いで育つ心　………………教育フォーラム32「心の教育の基礎・基本」金子書房（2003年）
子どものための自然哲学入門　…………教育フォーラム28「基礎・基本に返る学習指導」金子書房（2001年）

□　表紙デザイン　ワークス
□　写真　菅井啓之
□　植物細密画　菅井啓之
□　編集協力　マイプラン

ものの見方を育む自然観察入門　理科教育の原点を見つめて
2004年7月1日　初版第1刷発行
2010年5月10日　第3刷発行
著　者　菅井啓之
発行者　水谷邦照
発行所　**株式会社 文溪堂**
東京本社／東京都文京区大塚3-16-12　〒112-8635　TEL（03）5976-1311（代）
岐阜本社／岐阜県羽島市江吉良町江中7-1　〒501-6297　TEL（058）398-1111（代）
大阪支社／大阪府東大阪市今米2-7-24　〒578-0903　TEL（072）966-2111（代）
印刷・製本　サンメッセ株式会社

落丁・乱本はおとりかえいたします。定価はカバーに表示してあります。
©2004　Hiroyuki Sugai.Printed in Japan　ISBN4-89423-401-7